侯凯 著

HAIPAOSHI
KUANGWU CAILIAO
JIAGONG FENXI SHEJI YINGYONG

海泡石矿物材料
加工·分析·设计·应用

U0201585

化学工业出版社
·北京·

内 容 简 介

本书系统地介绍了海泡石黏土矿物材料的加工、分析、设计和应用，内容包括海泡石基本情况概述、海泡石矿物加工技术、海泡石表征方法及测试结果分析、海泡石功能材料设计原理及实践、海泡石矿物材料的应用五个方面，附录分享了多个与海泡石相关的标准规范。本书旨在介绍与海泡石产业链密切相关的技术和研究进展，提升对海泡石矿物及相关科研产业的认知。

本书可供从事海泡石及矿物材料相关行业的科研人员、技术人员和管理人员参考，也可供高等学校材料科学与工程、矿业工程、环境工程等相关专业的师生参考。

图书在版编目（CIP）数据

海泡石矿物材料：加工·分析·设计·应用/侯凯
著. —北京：化学工业出版社，2022.8 （2023.8 重印）
ISBN 978-7-122-41981-1

Ⅰ.①海… Ⅱ.①侯… Ⅲ.①海泡石-材料-研究
Ⅳ.①P578.94

中国版本图书馆 CIP 数据核字（2022）第 142211 号

责任编辑：卢萌萌
文字编辑：王云霞
责任校对：田睿涵
装帧设计：史利平

出版发行：化学工业出版社（北京市东城区青年湖南街 13 号　邮政编码 100011）
印　　装：北京科印技术咨询服务有限公司数码印刷分部
710mm×1000mm　1/16　印张 11¾　彩插 4　字数 214 千字　2023 年 8 月北京第 1 版第 3 次印刷

购书咨询：010-64518888　　售后服务：010-64518899
网　　址：http://www.cip.com.cn

定　　价：98.00元

　　黏土一般是由硅酸盐矿物在地球表面经风化后形成的，是一类含水的层状硅酸盐矿物，层片由硅氧四面体和铝氧八面体组成，广泛分布于世界各地的岩石和土壤中。黏土矿物是一种微小的晶体，存在一定的缺陷结构，蕴含着很多的科学信息。

　　海泡石是一种具有层链状结构的富镁硅酸盐黏土矿物，属海泡石-坡缕石族，在地球上分布并不广泛，是世界上古老而罕见的特种非金属矿。在我国典籍《本草纲目》中提到的不灰木中就可能含有海泡石，到 1789 年，德国人威尔纳发现并命名为 meerschaum (海的泡沫)，英文 sepiolite (海泡石)。海泡石质轻，具有纳米尺度和纤维形貌，孔径均一、结构稳定、比表面积大、表面电荷可控，且吸附性强、耐高温、流变性好。随着现代分析仪器的不断发明和分析方法的不断进步，对海泡石的研究不断深入。通过矿物加工、结构改性、有机改性、表面负载和复合组装等方法，海泡石被广泛用于环境、建材、生物医药、化工、能源、聚合物、摩擦、艺术等诸多领域，相关研究和开发仍在持续地开展中。

　　非金属矿产及非金属矿物功能材料是人类社会赖以生存和发展的物质基础，是我国国民经济和社会发展的重要基础产业。非金属矿产与燃料矿产、金属矿产、水气矿产共同构成我国矿产资源。海泡石作为一种稀有的特种非金属矿物，越来越受到国家和地方政府的重视与支持。国家、地方和企事业单位正不断发布行业标准，建立和完善相关法律法规，投入生产和研发资金以推动海泡石等非金属矿物行业安全、高效、高质量发展。

　　本书内容是以笔者主持和参与的多项课题为依托，如国家自然科学基金青年基金（52104261）、山西省科技重大专项项目（20201102004）、山西省基础研究计划（20210302124223）和山西省留学回国人员科研资助（2021-042），同时基于多年对海泡石矿物的了解和研究，加以调研归纳、实验分析和实践汇总而成。本书共分 5 章，第 1 章为海泡石基本情况概述；第 2 章为海泡石矿物加工技术；第 3 章为海泡石表征方法及测试结果分析；第 4 章为海泡石功能材料设计原理及实践；第 5 章为海泡石矿物材料的应用。在撰写过程中，引用了国内外许多专家、学者和工程技术人员的重要研究成果，童雄教授、谢贤教授、郗云飞高级研究员、冯国瑞教授、马建超教授、唐爱东教授等提供了各种指导和帮助，太原理工大学的王帅、姚顺完成校对工作，谨在此一并表示感谢！

限于著者水平与时间，书中不足和疏漏之处在所难免，敬请读者批评指正。

太原理工大学　侯　凯

2022 年 6 月

目录

第3章　海泡石表征方法及测试结果分析 —————— 42

第1章

海泡石基本情况概述

1.1

海泡石矿产资源概述

1.1.1 海泡石简介

海泡石，英文名称 sepiolite，是德国学者威尔纳于 1789 年首次发现并命名的，在德文中是"海的泡沫"的意思，由于质轻形似墨鱼多孔骨骼而得名，又称蛸蟆石、山软木、山柔皮。

海泡石主要分布于内陆海、边缘海和湖泊，是火山沉积物、黏土或玄武玻璃经热液蚀变的产物，海泡石是一种罕见的特种非金属矿，在地球上分布并不广泛，是世界上最古老且不可再生的非金属资源之一。

海泡石的结构特点为两个四面体与一个八面体构成的层状结构，层状结构之间通过镂空的形式有规律排列，是一种富镁或者富铝元素的含水硅酸盐黏土矿物，呈现不同长径比的纤维形貌，具有多孔、质轻、色白、可浮于水中等特性。海泡石的用途十分广泛，其应用已超百种，且仍在增加，应用范围从传统的农牧业到现代的航空航天等众多领域均有涉及。

1.1.2 成矿环境

从成矿来看，海泡石的成矿时代从古生代至新生代均有，其中，第三纪和二

1

叠纪的海泡石矿床具有经济价值。海泡石-坡缕石主要集中在南纬和北纬 30°~40°之间的地带，并可作为干旱气候的指示矿物。研究时发现，海泡石在成岩过程中的盐度是变化的（高、低盐度相互交替），且属于还原性环境。在整个形成过程中，经常受到深水海流的影响和风暴作用的袭击，造成了持久的波浪搅动，从而有利于镁和硅质的不断供给和沉积。而海泡石黏土的成矿物质来自海洋，海泡石-水体系可由海水和大气降水共同作用形成。

　　海泡石可分为热液型和沉积型两种，通常也将其称为 α-型海泡石和 β-型海泡石，见图 1-1。两种海泡石的特点比较见表 1-1。热液型海泡石由热液直接结晶而成或由火山玻璃、含镁的矿物经低温热液蚀变形成，常产于富镁的白云质大理岩石、白云质灰岩、蛇纹岩等中，或由硅酸盐矿物与富镁水溶液发生化学变化及置换而成，代表矿床为安徽省全椒县凹凸棒石-海泡石矿床；沉积型海泡石矿床常与碳酸盐岩、黏土岩共生，由沉积成岩作用生成。沉积型海泡石又分为三个亚类，即陆相沉积型、海相沉积型和火山沉积型。陆相沉积型国外发现较多，如西班牙巴列卡斯矿床；火山沉积型如我国江苏盱眙雍小山凹土棒石-海泡石黏土矿床，表

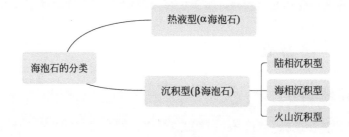

图 1-1　海泡石分类

表 1-1　两种海泡石的特点比较

种类	成因	产处	特点	代表性矿床
热液型（α 型）	热液直接结晶而成或由火山玻璃、含镁矿物经低温热液蚀变形成，或硅酸盐矿物与富镁水溶液发生化学变化及置换而成	富镁的白云质大理岩石、白云质灰岩、蛇纹岩等	MgO 和 SiO_2 含量高，Al_2O_3 含量低，长束纤维状，多以脉状产于蛇纹岩、大理岩、白云质灰岩中，质纯、规模小，无工业意义	美国日本产于二叠纪白云质灰岩，与石英二长岩接触处的脉状海泡石；安徽全椒、河南商城县、湖北广济、浙江临安、广西都安的脉状海泡石
沉积型（β 型）	沉积成岩作用生成	与碳酸盐岩、黏土岩共生	Al_2O_3 含量高，MgO 和 SiO_2 含量低，黏土状，电镜下为纤维状，具有工业价值	陆相沉积型：西班牙巴列卡斯矿床；海相沉积型：我国主要矿床，美国佐治亚矿床；火山沉积型：江苏盱眙雍小山凹土棒石-海泡石矿床

现为海泡石与凹土棒石紧密共生；海相沉积型为我国主要的矿床，具有产出时代早、分布面积广、厚度大、层位稳定、海泡石丰富、矿床规模大等特征。富硅、镁、铝及盐度较高的碱性介质（pH≈8.5），具备水动力较弱的半封闭环境。海泡石主要形成于封闭的陆相沉积盆地，海水循环受到限制的环境或近海环境、潮汐区以及具有高、中盐度的石灰岩台地靠近红土化区一侧的边缘水域。由于海泡石成矿需要更高的镁含量和pH值，因此，海泡石产于盆地中心，凹凸棒石产于盆地边缘。

海相沉积型矿石又分为黏土型（风化型）、半风化型和原岩型。半风化型为过渡类型，三者间无明显界线，其中黏土型质量最佳，具有工业用途，半风化型次之，原岩型矿石较差。黏土型海泡石含量高、造浆性能好、脱色力强、工业利用效果好。但原岩型矿厚度大、矿层稳、储量巨大，选矿和利用技术的提高，将有助于工业的开发利用。以湖南浏阳永和海泡石矿区为例，不同矿石类型的海泡石物理化学性质及工艺性能见表1-2。

表1-2　湖南浏阳永和海泡石矿区物化性质及工艺性能

矿石类型	厚度/m	化学成分/%				工艺性能	
		MgO	SiO$_2$	Al$_2$O$_3$	CaO	造浆率/(m^3/t)	脱色力
黏土型	0～22.15，一般3～8	19.30	61.07	3.75	0.65	5～14.9，平均7.17	40.6～96.8
半风化型		13.03	49.90	3.25	14.54		
原岩型	1.15～39.52	11.90	37.93	1.55	26.52	不能直接造浆	26.5～36.6

最新的研究表明：海泡石可由菱镁石转化而来。调查发现，海泡石或取代了整个薄的菱镁矿脉，或与菱镁矿一起被发现在由菱镁矿和海泡石组成的厚脉中。海泡石是由菱镁矿母矿通过溶解沉淀机制原位转化形成的，这一机制涉及原有的菱镁矿的置换。各种物理化学条件对它们的形成起了作用。超镁铁质岩（蛇纹岩和辉长岩）的表生蚀变产生高Si、低Al、低Fe的活性水体，在pH值为8～9.5的条件下，这类水体与菱镁矿反应形成海泡石。通过取代原有的菱镁矿海泡石逐步形成，随着海泡石含量的增加，微量元素和稀土元素也通过吸附而富集，但是富集量较小。转化反应式见式(1-1)。

$$8MgCO_3 + 12H_4SiO_4 + 18H_2O \longrightarrow Mg_8Si_{12}O_{30}(OH)_4(OH_2)_4 \cdot 8H_2O + 8CO_2 + 28H_2O$$

$$(1-1)$$

1.1.3　后期变化

地质研究发现，在江西、湖南的沉积型海泡石矿床中，海泡石与滑石密切共生，两者或同层或相间出现。海泡石与滑石矿物间存在着相互转换关系，滑石是由海泡石在成岩过程中转化而来的。这是由于海泡石是三八面体层链状硅酸盐矿物，滑石是三八面体层状硅酸盐矿物，当海泡石被沉积埋藏至一定深度，温度、压力加大，引起海泡石晶格的不稳定，发生层链坍塌而向滑石层不均一地转化，同时析出多余的硅。这可以解释沉积型海泡石矿物中滑石组分的存在原因。而这类滑石与热液蚀变或变质成因的滑石不同，也必然是黏土级的，因此具有全部黏土属性而可被工业所利用。

事实上，海泡石矿床形成后保存条件较为严格，地表会因淋滤作用而使 pH 值下降，使海泡石消失，埋深过大则因压力、温度的影响使海泡石向富镁蒙脱石、滑石和水化滑石转化。

研究发现，影响海泡石相转变的条件包括温度、压力和时间。温度对海泡石的相转化起着决定性作用。热液型海泡石的相转化温度为 330℃，沉积型海泡石的相转化温度为 310℃。压力则是促进海泡石相转化不可缺少的因素。通过加热，在没有附加压力的情况下，海泡石失去了沸石水（吸附水）和结晶水，但浸泡水中以后，仍可恢复海泡石的特性。因此，海泡石的相转变不仅仅需要温度，还需要一定压力环境才能实现。自然界的压力可分为动压力和静压力两种，动压力存在于剧烈的构造变动地区，由于附加动压力的影响，加速了海泡石相转变进程，静压力是上覆岩层所造成的压力，它导致成岩作用。因压力作用使海泡石向其他相发生转变。时间是控制海泡石相转变程度的主要因素，一般来说，海泡石受热时间越长，相转化越彻底。而长时间的低温作用，也可使其相转变达到高温短时间的同等效果。

1.1.4 组成结构

海泡石的化学组成比较一致，MgO 占 21%～25%，Mg 填充了 90%～100% 的八面体位置，而较小的 Al 离子相对来说较少，这一点与坡缕石不同，可能是由于海泡石的形成环境比坡缕石更为碱性，在这样的环境中，Si 和 Mg 高度富集，Al 的含量则较低。海泡石化学组成中类质同象混入物有 Al、Fe、Cu 和少量 Ca、Mn、K、Na 等杂质，产地不同，海泡石的化学组成也有差异。各地海泡石的化学组成见表 1-3。

在海泡石中存在三种形式的水，分别为：羟基水（OH^-）位于硅氧四面体构成的六方网环中心，参与八面体配位；配位水（OH_2）位于孔道壁上，受 Mg^{2+} 的束缚，参与八面体配位；沸石水（H_2O）为进入通道的水分子。

4

表 1-3 海泡石的化学组成

化学组成/%

样品产地	SiO$_2$	Al$_2$O$_3$	Fe$_2$O$_3$	FeO	CaO	MgO	K$_2$O	Na$_2$O	TiO$_2$	MnO	Ni	Cu	CO$_2$	H$_2$O$^+$	H$_2$O$^-$	有机物
浏阳（低品位）	66.29	1.78	0.46	—	0.18	25.16	0.11	0.10	0.06	0.08	—	—	—	2.64	—	0.70
浏阳（中品位）	60.46	4.75	1.65	—	3.78	17.97	0.13	0.30	0.19	0.35	—	—	—	7.37	—	0.80
湘潭（中品位）	62.92	7.45	3.99	0.08	1.64	12.63	0.15	0.39	0.28	0.12	—	—	—	9.08	—	0.68
河北	54.28	0.25	0.82	0.08	2.76	24.82	0.03	0.03	—	—	—	—	—	16.15	—	—
河南	55.41	0.41	0.44	0.11	0.07	23.37	—	0.03	0.002	0.004	—	—	—	10.61	9.50	—
安徽	52.90	0.52	1.25	0.15	1.97	22.48	0.16	0.08	0.21	—	—	—	—	9.96	11.24	—
日本	52.50	1.03	0.05	—	—	—	—	—	—	—	—	—	—	9.04	12.67	—
西班牙	60.60	1.72	0.62	—	0.40	22.45	0.16	0.59	—	—	—	—	—	10.88	—	—
美国犹他州	50.13	2.00	1.02	—	—	18.29	—	—	—	1.88	—	6.82	—	9.30	10.32	—
苏联乌拉尔	54.65	0.28	0.50	0.08	—	21.66	—	—	—	—	4.12	—	—	9.04	9.15	—
土耳其	61.17	—	—	0.06	—	28.63	—	—	—	—	—	—	—	9.83	—	—

从成分来看，热液型海泡石呈长束纤维状，MgO 和 SiO₂ 含量高，Al₂O₃ 含量低，为富镁海泡石；沉积型海泡石呈黏土状，但在电镜下仍呈纤维状，该海泡石 Al₂O₃ 含量高，MgO 和 SiO₂ 含量低，为富铝海泡石。

海泡石的晶体结构可以看成由三条类似辉石单链（$Si_2O_6^{4-}$）所组成的 2∶1 型结构带，此结构带是由层间距 0.66nm 的连续的硅氧四面体层组成的。其中，每个硅氧四面体都共用三个顶角与其相邻的三个硅氧四面体相互连接。由于镁氧八面体层的不连续性，会在海泡石结构中形成许多具有固定大小的长方形孔道，该孔道平行于链状结构带且尺寸为 0.37nm×1.06nm，另外，镁氧八面体边缘的氧原子与阳离子配位，配位粒子主要为质子、配位水和少量的可交换阳离子，沸石水则赋存于孔道中。海泡石理想结构式为 $Mg_8(OH_2)_4[Si_6O_{15}]_2(OH)_4 \cdot 8H_2O$，见图 1-2 和图 1-3（见文后彩插）。

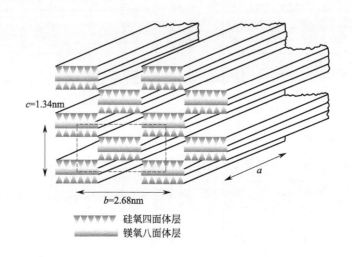

图 1-2　海泡石的晶体结构图 1

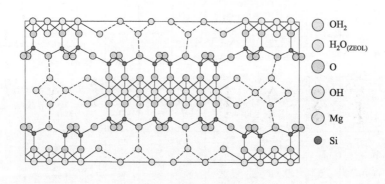

图 1-3　海泡石的晶体结构图 2

1.1.5 理化性质

海泡石的主要结构特征及其理化性质见表1-4。

表1-4 海泡石的主要结构特征及其理化性质

颜色	外观	相对密度	硬度	CEC	耐高温	耐酸碱
主要有白、浅灰、浅黄、浅红、墨绿色等	致密、结核、土状,新鲜面呈珍珠光泽,断面呈纤维状,风化后呈土状光泽	2.4~2.6	2~2.5级	25~30mg/100g	1500~1700℃	pH 4~10稳定

注:CEC为阳离子交换量。

Mefail Yeniyol 展示了土耳其某海泡石矿的形貌,见图1-4(见文后彩插)。图中可见,白色为脉状海泡石。

图1-4 土耳其某海泡石矿的形貌

以湖南湘潭海泡石为研究对象,对其采样后得到图片,见图1-5(见文后彩插)。图中的海泡石呈灰白色和浅黄色,呈土状、团块状和结核状。天然产出的海泡石为白色、浅灰色或略带淡黄、浅红、墨绿等色,常呈致密状、土状、团块状和结核状,新鲜面为珍珠光泽,断面呈纤维状,风化后为土状光泽。相对密度2左右,莫氏硬度2~2.5级,质轻,粉末易浮于水面。入水后吸水速度快,速成絮凝状,且吸水量大,润湿的海泡石具有极强的黏结性。

(1)海泡石具有很强的吸附性能

吸附剂的吸附能力与比表面积有直接关系,而海泡石的比表面积可达800~

图 1-5　湖南湘潭海泡石样品图

$900m^2/g$，其中外表面积 $400m^2/g$，内表面积 $500m^2/g$。研究表明，海泡石具有三类吸附活性中心：硅氧四面体中的氧原子；与边缘镁离子配位的水分子，能形成与吸着物结合的氢键；Si—OH 组合，由四面体外表面上 Si—O—Si 键破坏而成，接受一个质子或烃基分子补偿剩余的电价。这些 Si—OH 组合，能与海泡石外表面吸附的分子相互作用，并具有与某些有机试剂形成共价键的能力。这些活性中心使得海泡石的吸附性能极好。这就使之具备了很高的吸附能力，它能保持自身质量的 2～2.5 倍的水，海泡石还能吸附非极性有机化合物与极性化合物。海泡石的脱色吸附能力与它的矿物含量呈正相关关系。海泡石对各种金属离子的吸附交换能力是不同的，这是由其空间结构决定的。当有多重离子共存时，海泡石优先吸附电荷高、半径小的离子。

（2）海泡石具有很好的流变性能

海泡石具有细长的针状纤维外形，并且聚集成束状体。当这些束状体在水或其他极性溶剂中分散时，针状纤维就会迅速疏散，大量杂乱地交织在一起形成无规则的纤维网络，这种网络能够使溶剂滞留，这就形成了高黏度并且具有流变性的悬浮液，这些悬浮液具有非牛顿流体特征。这种特性与海泡石的浓度、剪切应力、pH 值等多方面因素有关。

(3) 海泡石具有一定的催化性能

海泡石含有大量的外部 Si—OH，对有机质具有很强的亲和力，能与有机反应剂的气态或液态直接作用，生成有机矿物衍生物，并能保留矿物的格架。除此之外，海泡石还具有很高的化学惰性，其悬浮液很少受到电解质的影响，结构不易被酸腐蚀。由于海泡石具有巨大的表面能，自身存在大量的吸附中心，有良好的热稳定性，故在脱硫、脱氮、脱金属化过程中，能承载 Ni、Fe、Zn、Cu、Mo、W、Ni、Co 等金属元素，可作为催化剂及催化剂载体。

(4) 海泡石具有耐高温和耐腐蚀性

海泡石耐高温性能好（可达到 1500～1700℃），且具有无毒、无污染、耐油、耐碱、耐腐蚀、附着力强、不易裂缝等性能。热稳定性好，400℃以下时，结构稳定；400～800℃时脱水为无水海泡石；800℃以上才开始转变为顽火辉石和 α 方英石；在常温下，海泡石在 pH 值为 4～10 的介质中极为稳定，只有当 pH＜3 时才发生溶蚀。

(5) 海泡石具有阳离子交换性

海泡石晶体结构中的 Si^{4+}、Al^{3+} 容易被置换出来而形成负电荷，再加上边缘不饱和键的存在使得海泡石需要阳离子来补偿平衡电价。海泡石的 CEC 范围为 25～30mg/100g。

除此之外，海泡石还具有抗辐射、绝缘、隔热、可塑性好、收缩率低等特性，能够应用于工业生产的方方面面。

1.1.6 资源现状

(1) 全球资源现状

从全球资源分布上看，海泡石在自然界属于特种稀有的非金属矿，在自然界分布不广。主要分布在西班牙、中国、美国、土耳其等少数国家。截至 2015 年，世界上已探明的储量约为 8000 万吨。其中，西班牙探明储量为 3800 万吨，中国探明储量为 3100 万吨，以上两者合计约占全球储量的 85%。

从资源利用情况来看，国外的海泡石应用较早，海泡石被用于生产管材达几个世纪，尤其是在德国、土耳其和匈牙利。海泡石也被用作建筑材料的填料，早在 1760～1808 年的国王卡洛斯三世时期，在西班牙的 Vallecas，海泡石就被用作建造 Buen Retiro 宫殿的陶瓷坯料。1750～1912 年的欧洲，已经开始用海泡石制作烟嘴。几个世纪前，在西班牙南部，海泡石也被用于葡萄酒的精炼。步入

20 世纪 70 年代，国外则开始系统地研究海泡石。目前，海泡石黏土矿物产品在国外已有百余种用途，主要用于钻井液、造纸、染料、陶瓷、沥青乳液、密封剂、黏合剂、药物、催化剂载体、动物饲料、石油提炼、矿物和植物油精炼、抗结剂、农药载体、猫砂和环境吸附剂等。

（2）我国资源现状

从我国资源分布上看，海泡石矿产分布不均衡，主要分布在江西、湖南、江苏、陕西、河南、河北等省，其中大部分分布在湖南省境内。湖南湘潭市海泡石资源已探明储量约为 2640 万吨，约占我国储量的 80％，约占世界储量的 33％。

在我国，由于受制于技术能力、生产设备、资本投入等因素，海泡石的相关产业仍处于产业形成的初期，应用材料较为初级，应用范围较为局限。海泡石行业大多数仍从事粗加工生产，产值低、产品低端、市场知名度低。但近些年来，随着新材料的快速发展以及海泡石矿产资源开发得到了很大的重视，海泡石作为传统矿物材料被注入了新的活力。如今，海泡石已在多个领域得到应用推广，海泡石在我国主要被用于钻井泥浆原料、污水处理剂、涂料、油脂脱色剂、饲料添加剂、土壤修复及改良的载体原料、室内空气净化剂、农药载体、吸醛海泡石面粉、硅藻泥用海泡石、摩擦材料、药物缓释剂、橡胶添加剂、塑料添加剂、沥青补强剂、催化剂载体等。统计结果表明，世界范围内，海泡石的工业应用已经超过上百种。海泡石的部分工业应用见图 1-6。

图 1-6　海泡石的部分工业应用

海泡石矿物材料：加工·分析·设计·应用

1.2

海泡石应用情况

1.2.1　应用现状

据不完全统计，海泡石的应用已超过 200 多种，分布在建筑、农业、油漆涂料、动物饲料、冶金、造纸、制药、环境净化等各个领域。

从截至 2021 年的专利统计可知，摘要中涉及海泡石的搜索国内专利可达 7600 多项，国际专利 300 多项。国内专利方面，从 1987 年首次公开的 2 篇关于海泡石选矿专利开始，专利数量逐年增加：1987～1992 年间专利数量为一位数，主要集中在湖南、湖北的相关单位，合计 33 篇项；1993～2011 年间专利数量为两位数，合计 561 篇，主要主题分布在复合材料、保温材料、香烟过滤嘴、添加剂、吸附剂、焊条药皮、淀粉胶、高分子复合材料、防火材料、黏合剂、防火涂料等方面；2012～2020 年间专利数量为三位数，2017 年和 2018 年专利数量均超过了 1000 篇，合计 6599 篇，主要主题分布在复合材料、保温材料、添加剂、环保材料、双层复合、海泡石粉、PVC、污水处理剂、空气净化剂、保温砂浆、保温板、吸附剂和土壤调理剂。海泡石相关的年专利数量见图 1-7。

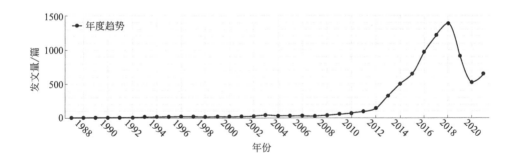

图 1-7　海泡石相关的年专利数量

从截至 2021 年的标准统计可知，海泡石相关的标准主要包含《钻井液材料规范》（GB/T 5005—2010）、《饲料原料　海泡石》（DB43/T 886—2014）、《海泡石室内建筑装饰材料通用技术要求》（DB43/T 1794—2020）、《海泡石空气净化剂》（DB43/T 1376—2017）和《海泡石基甲醛固化剂》（T/CSTM 00352—

2021）。海泡石国外标准以土耳其为主，主要有：《海泡石　用于猫毛生产》（TS 12131—1997）、《海泡石　动物饲料添加剂和垫》（TS 13528—2012）、《用作宝石材料的海泡石》（TS 9561—1991）等。

总体而言，海泡石方面的应用涉及化学、建筑科学与工程、有机化工、一般化学工业、轻工业手工业、无机化工、环境科学与资源利用、材料科学、畜牧与动物医学、金属学及金属工艺、机械工业、植物保护、电力工业、园艺、燃料化工、石油天然气工业、生物医学工程、药学、林业、农业工程、工业通用技术及设备、冶金工业、安全科学与灾害防治、动力工程、生物学、矿业工程、公路与水路运输、中药学、水产和渔业、农艺学，涵盖面非常广。

1.2.2　应用前景

国际领域，土耳其的很多艺人们将成块的海泡石雕刻加工成烟斗等高附加值艺术品进行出售。西班牙是全球最大的海泡石产品生产加工国，Tolsa Group 是全球最大的海泡石开采和加工企业，产品种类超过 45 个，应用领域超过 100 个，向 90 多个国家提供产品。

在国内，湘潭拥有丰富的海泡石资源，却在很长一段时间内鲜为人知。2016 年，按照湘潭产业集团的要求，湘潭海泡石科技有限公司承担起了海泡石的资源控制和产品研发，海泡石产业也孕育而生。经过不断研发，促使海泡石提纯度大幅提升，随着高纯海泡石、海泡石土壤调理剂等产品的面世，一条集资源开发、技术研发、产品生产、市场销售于一体的海泡石产业链逐步形成。另一家规模企业则侧重于研发海泡石提纯的设备，经该公司的开发，可使海泡石纯度达到 90％以上。

"海泡石"一直默默无闻，而在 2019 年，这一现象发生了转变。随着吸醛海泡石涂料、海泡石空气净化剂等居家产品的热销，海泡石逐渐被人们所熟知。海泡石产值增速也位居当年湘潭首位。除了家居市场，海泡石还被广泛应用于土壤修复、航空航天等领域，并朝着高精尖的方向发展。以"砷污染土壤修复用海泡石螯合剂制备技术"为例，该项目针对工业场地重金属严重污染治理难题，持续深入研究污染土壤特性、重金属迁移转化规律及稳定化机理，通过改性、活化、配伍及系列深加工工艺技术，最终制备出稳定高效、环保安全、经济实用的海泡石螯合剂。相较同类产品，海泡石吸水效果更好，螯合制剂与南方黏性土混合均匀度更高，修复效果更佳。该技术荣获 2019 年度中国非金属矿科技进步二等奖。

1.3

海泡石产业的影响

人是推动产业发展的源动力量，产业是人与社会自我实现的基础。任何产业在不同时间、不同空间维度上均对人产生不同作用，海泡石产业也不例外。

1.3.1 积极作用

(1) 矿业兴城

矿业城市不只是众多的人与资源在地域空间上的简单叠加，而是以人为主体、以自然资源为依托、以经济活动为基础、以社会发展为纽带，相互联系且极为紧密的有机整体。海泡石资源的开发推动了相关城市的发展。在湘潭杨嘉桥-石潭地区，拥有长达16km的海泡石矿带，是全国最大的海泡石矿集区。由于海泡石的发现，资金、技术和人才开始流向湘潭，推动了城市的发展。据报道，2019年，海泡石产业链成为湘潭市13条产业链里的一匹"黑马"，产值增速居于首位。

(2) 解决就业

作为劳动和技术密集型产业，矿业除本身需要大量劳动力外，与之相关的能源和原材料加工业也是就业的主要渠道之一，随着海泡石产业的发展、产业链的形成乃至矿业城市的兴起，第三产业随之应运而生。因此，矿业的开发对解决劳动就业做出了巨大贡献，对人们生活水平的提高和社会的稳定起到了促进作用。

(3) 开发产品

海泡石开发所产生的矿产品是构成城市和人类现代生活的重要要素。工业发达国家矿业和以矿产品为基本原料的工业，一般会占到整个工业生产的60%左右。矿产资源是人类生产生活资料的主要物质来源。目前，至少70%以上的农业生产资料、80%的工业原料和95%的能源均源自矿产。

海泡石作为非金属矿产品，发展迅速，需求不断攀升。在《湘潭市海泡石产业发展研究》报告中，提出重点发展的领域包括：以空气净化剂、卷烟滤嘴及烟嘴过滤芯、污水处理剂为代表的环保领域；以石油精炼新材料、深海钻井泥浆为代表的石油领域；其他领域等。在西班牙，海泡石主要用于吸附、动物饲料、杀虫、填充剂等。这些产品的开发有助于经济建设和满足人们日益增长的美好生活需要。

（4）艺术载体

高品质的块状海泡石可以制作成烟斗。工匠可以将海泡石雕刻成各种形状的烟斗。雕刻好的海泡石干燥后抛光，再浸泡热蜂蜡数次就可以完成。海泡石石质细腻、柔软，故能在外壁雕刻出十分精巧细致的浮雕图案（一般取材自古希腊、古罗马的神话故事，也有动植物、人物等造型），具有很高的艺术价值。由于海泡石吸收力强，可以吸收烟草中的尼古丁、烟油等，因此海泡石烟斗用久了，在烟油和手汗的内外共同作用下，会散发出自然、深邃和高贵的棕金色。出产海泡石烟斗有名的地方是意大利的瓦里西流域，那里的烟斗师手艺高超，可惜快失传了，土耳其造的海泡石烟斗也非常有名。1982年2月，美国加利福尼亚州圣地亚哥的拉平和拉腊米，售出一只特大海泡石烟斗，烟斗上还雕有安东尼和古埃及娄巴特拉女王的肖像，售价为1.5万美元，创下当时的成交记录。

1.3.2 消极作用

（1）影响环境

任何矿业开发行为都会或多或少地对环境产生一定影响，海泡石也不例外。环境污染主要是矿业企业进行生产经营所产生的废水、粉尘、废渣及噪声污染。废水来源主要是海泡石洗选产生的洗选污水等；粉尘主要是海泡石矿山资源开发产生的含尘空气；废渣主要是海泡石矿山开发伴生的固体废弃物；噪声主要是海泡石在开采过程中对周围居民造成的一种外部刺激。

矿山开发的另一个直接后果是对矿区生态环境的影响。露天开采矿山在开采前需要先清除原地表植被，剥离表层岩土，使山地变成裸岩，完全丧失植被的生存能力，加剧了水土流失。开采后边坡坡度升高幅度也较大，致使岩土本身抗剪强度小于剪应力，从而产生崩塌；地下开采会毁坏不透水层，形成地下漏斗，导致开采区及其周边一定范围地区的地下水位下降，表层土壤含水量降低，使得原来长势良好的地表植被退化，进而使生态系统退化。矿业形成的矿山建筑、道路等也破坏了土地、草原、湖泊、森林等自然资源。

（2）地质灾害

海泡石的不当开采还可能会造成矿山地质灾害。矿山地质灾害不仅会严重威胁矿山开采安全，也会对矿山周边居民的生命安全与财产安全造成威胁。

（3）浪费资源

矿业开发过程中会存在一定的资源浪费。这主要体现在：一是矿山开采过程中，采富弃贫、采易弃难等开发行为导致矿产资源的浪费；二是矿业企业生产经营中能源和效率的浪费。这些浪费与现有认识、技术、管理、成本等诸多因素有关。

（4）影响水资源

矿山开采对水资源循环造成了影响。首先，矿山开采破坏了水资源循环的自我更新能力，对矿山工程进行实地开采就是对自然水循环系统的一种改造，通过重构一种快捷、复杂的水循环系统，进而改变自然水循环规律；其次，矿山开采减少了水资源的存储量，在矿山开采过程中，会采取一定的措施将周围环境的地下水排出，造成地下水资源储量减少，并造成地表水快速向地下渗透，致使地表水减少；最后，矿山排水工程改变了地表水的流向，将矿区的水资源循环模式复杂化、困难化。

矿山开采对水资源利用造成了影响。首先，对水资源的补给造成了影响。矿山开采过程使当地的地表水、降水与地下水的转化发生了改变，加快了向下渗透的速度，矿区的排水坑也降低了地下水的水位，改变了矿区水资源补给量。其次，对水资源可利用量的影响。水资源的可利用量是指每年可以自行恢复或更新的淡水量。在矿山开采过程中，矿坑排水系统将大量可利用水资源进行了疏干排放，导致地表水失去天然平衡状态，加之大量矿体被开采出来，逐渐形成的空洞等受重力作用而发生变形、离层、脱落或坍塌，进而使矿坑的上伏岩层发生破裂，并逐渐出现裂缝、坍塌，最后波及地表，使地表水受到影响。

1.3.3　关注海泡石非金属矿产业发展

非金属矿有其明显的特点：非金属矿石以利用其物理特性为主，往往一矿多用，不同矿种又可相互代用。与金属矿石通过冶炼而利用其金属元素不同，非金属矿石大部分是利用其固有的技术物理特性，如滑石、石棉、海泡石、石墨，或加工后形成的技术物理特性，如珍珠岩、膨胀黏土。

随着技术的发展，矿石的某些用途得到开发，甚至出现新的矿种。作为石油炼制业中催化剂载体的高岭土，就可能被海泡石代替，作为摩擦材料的石棉近年也被海泡石矿种取代。因此，找矿中只有熟悉和了解这方面的情况，才能做出正确的勘查决策和恰如其分的矿床技术经济评价。否则，就会造成资源或资金的浪费。

非金属矿具有社会性思维，可以说除了金属矿产与燃料矿产之外，只要社会上可用的矿物和岩石都能构成非金属矿床。人们日常生活离不开非金属矿，所以非金属矿的社会性非常强。关注非金属矿产业稳定、高质、高效发展非常必要。

参考文献

[1] 李文光，张瑛. 我国海泡石矿床成矿条件及成因类型初探 [J]. 陕西地质，1999 (1)：43-47.

[2] 杨秀雅. 湖南浏阳海泡石矿床中发现坡缕石黏土 [J]. 建材地质，1985 (4)：17.

[3] 王润婷，李雪，余学磊. 海泡石黏土矿床地质特征及其找矿概述 [J]. 四川有色金属，2019 (1)：15-17, 49.

[4] 李旭平，朱钟秀. 浏阳永和海泡石矿床中海泡石向滑石转变的矿物学研究 [J]. 长春地质学院学报，1993 (2)：151-154.

[5] 陈芸菁，王佩英，任磊夫. 海泡石在成岩作用过程中向滑石转化的研究 [J]. 科学通报，1985，30 (4)：284-284.

[6] 章人骏. 江西乐平县耐火白土概述 [J]. 地质评论，1947，12 (3-4)：241-249.

[7] 唐绍裘. 海泡石的组成、结构、性能及其在陶瓷工业中的应用研究 [J]. 硅酸盐通报，1989 (4)：77-86.

[8] 张学兵，司炳艳. 海泡石的性状及应用研究 [J]. 中外建筑，2011 (1)：135-136.

[9] Yeniyol M. Transformation of magnesite to sepiolite and stevensite: characteristics and genesis (Cayirbai, Konya, Turkey) [J]. Clays and Clay Minerals, 2020 (68)：347-360.

第**2**章

海泡石矿物加工技术

2.1

▶▶

非金属矿物加工的共性问题

2.1.1 加工目的

对海泡石等非金属矿物加工的目的主要是满足工业使用的质量标准和品质要求，具体如下：

① 去除脉石，提高海泡石纯度，使有用矿物得到富集，进而提升矿物作为材料的品质和使用价值。

② 去除不利元素，如海泡石中含石英不利于制备摩擦材料，海泡石中的含铁矿物对海泡石的色泽有影响等；又如搪瓷工业用高岭土产品要求三氧化二铁的质量分数不高于0.8%，三氧化硫的质量分数不高于1.5%；橡塑工业用高岭土粉中铜含量要求不高于0.005%，锰含量要求不高于0.01%。

③ 使共生的各种不同用途的矿物彼此分离，得到一种或几种有用矿物的精矿产品，如海泡石常与滑石共生，如能有效分离，即可得到两种不同特性的有用矿物。

④ 提高有用矿物的产品经济价值，为后续作业降低成本。非金属矿经加工改性后性能提升，价格翻倍；海泡石在提纯后也可显著提高产品的经济价值，具体因素需根据产品用途决定。

17

第2章 海泡石矿物加工技术

⑤ 资源再利用，如煤炭开采产生的废弃物煤矸石中主要含有高岭土、长石、伊利石、方解石、水铝石、黄铁矿、蒙脱石、云母、绿泥石类等，这些矿物中含有相当大比例的非金属矿物。通过再分选和有价组分提取、资源化利用、高值化利用、尾矿填充和土地复垦等方式可实现煤矸石固废中非金属矿物的再利用。

2.1.2　加工特点

与金属矿物选矿相比较，海泡石等非金属矿物的选别具有一些特殊性，具体可归纳为 7 点：

① 岩石或矿石的物理化学性质在多数情况下会对产品的性能有很大影响。因此，需要慎重地检定精选原料的适用性，即使用于同一用途的原料，由于使用者所采用的技术不同，有时也不能达到通用的目的。

② 非金属矿多数情况下只需要除掉少量杂质，甚至可不进行选别，只进行筛分或分级就能达到使用目的。有时不需要经过冶炼即可作为最终产品送到市场出售。

③ 对金属矿物来说，品位和回收率是最重要的两个指标；而对海泡石等非金属矿物而言，产量是主要问题。

④ 由于非金属矿物的产量和处理量较大，加工工艺相对简单，因此非金属矿物单位质量的价格较低。但是，如果将其制成不同制品，其价格上浮程度很大且与加工工艺、其他原材料、产品性能等有关。

⑤ 由于同一矿石具有多种用途，所以在多数情况下对产品质量要求也不同。如相关标准中钻井泥浆用海泡石和油脂脱色用海泡石的技术要求就不同，钻井泥浆用海泡石的技术要求见表 2-1。油脂脱色用海泡石的技术要求见表 2-2。由此可见，对非金属矿产品的要求具有差异化和精细化特征，这在矿物加工过程中应特别注意。

表 2-1　钻井泥浆用海泡石的技术要求

项目	参数
悬浮体性能（黏度计 600r/min 的读数）/(mPa·s)	≥30
筛余量(孔径 0.125mm 筛)/%	≤2.0
水分/%	≤10.0

表 2-2　油脂脱色用海泡石的技术要求

项目	Ⅰ类	Ⅱ类	Ⅲ类
脱色力	≥300	≥220	≥115
活性度	≥80.0		
游离酸(以 H_2SO_4 计)/%	≤0.20		
筛余量(孔径 0.075mm 筛)/%	≤5.0		
水分/%	≤10.0		
有害矿物含量/%	≤3		

⑥ 部分非金属矿产品允许其他矿物的赋存。非金属矿产品的纯度和品质最终是以工业利用程度为评判标准，如海泡石经常和滑石共生，这是因为海泡石在成岩过程中会向滑石转化，由此形成的滑石与热液或变质成因的滑石不同，此类滑石具有黏土的工艺物理性质，可以被工业所利用，因此，在矿物加工过程中不必专门分开。

⑦ 对产品粒度和形貌的限制也往往较金属矿物要求严格。在海泡石选别中，为了保护纤维长度，可采用多段破碎多段分选工艺。

2.1.3　加工方法

海泡石的加工方法如图 2-1 所示。

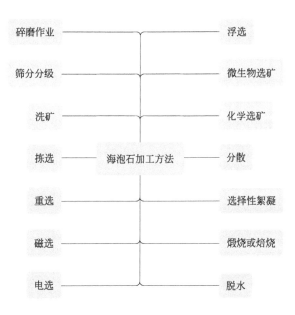

图 2-1　海泡石的加工方法

2.1.3.1 碎磨作业

破碎是将原矿石破碎至满足磨矿、选矿或应用要求粒度的粉碎技术，相应设备为粉碎机。多数的非金属矿物的破碎作业是分阶段进行的，这是因为大部分设备不能一次性破碎至要求的细度。物料每经过一次破碎机，称为一个破碎段，一个破碎段往往会配置一台或多台筛分机。对于每段破碎作业，破碎前后物料的粒度之比称为破碎比。非金属矿物主要使用的破碎机包括：颚式破碎机、圆锥破碎机、辊式破碎机、反击式破碎机、锤击式破碎机、立轴冲击式破碎机等。

磨矿是在矿石经破碎后的继续粉碎技术。非金属矿的磨矿方法主要是机械粉碎，根据研磨介质划分磨机可分为两类：无研磨介质磨机和研磨介质磨机。非金属矿常用磨机设备包括球磨机、棒磨机、悬辊磨机、振动磨、盘辊磨机、环辊磨、机械冲击或涡旋式粉碎机等，这些磨机的原理主要有研磨、冲击、挤压、摩擦等手段，给料粒度需在 30mm 以下，产品细度在 $2\sim3000\mu m$ 之间不等。

粒度分布在 $d_{97}\leqslant10\mu m$ 的产品称为超细粉体，对超细粉体的加工技术称为超细粉碎。也有定义为将加工粒径为 $0.1\sim10\mu m$ 的超细粉体的粉碎和相应的分级技术称为超细粉碎。超细粉碎技术对现代高技术新材料产业的发展有着极其重要的意义，这是由于当颗粒的尺度达到亚微米级尤其是纳米级时，颗粒比表面积增大、表面能提高，其表面的原子排列和电子分布结构及晶体结构较普通颗粒均有明显变化，产生了有别于普通颗粒的表面效应、小尺寸效应、量子效应和量子隧道效应，因此，在某些特殊场合会具有优异的物理、化学及表面与界面性质。例如：水泥经超细粉碎后，颗粒表面活性提高，强度提高；染料中的颗粒达到微米级后，表面活性提高，界面特性改善，其粉碎后黏附力、均匀性及表面光泽均大大提高。目前，超细粉碎方法主要是干法和湿法的机械粉碎，非金属矿使用的设备主要有气流磨、机械冲击磨、旋磨机、振动磨、搅拌磨、旋转筒式球磨机、行星式球磨机、砂磨机、辊磨机、高压匀浆机、立磨机、胶体磨等，给料粒度最大的需在 10mm 以下，产品细度在 $1\sim74\mu m$ 之间不等，各设备处理物料的响应稍有不同，主要表现为硬度方面。

2.1.3.2 筛分分级

筛分是将颗粒大小不同的松散物料，通过筛子分成若干不同粒级的过程。物料通过筛孔的可能性称为筛分效率，它是判断筛子工作状况的重要指标，筛分效率越高，说明筛子将尽可能多的小于筛孔的细物料过筛到筛下。影响筛分效率的主要因素有：筛孔大小和形状、物料粒径、筛子的有效面积、颗粒的运动方式及物料的含水率等。非金属矿加工中用到的主要筛分设备包括：固定筛、自定中心振动筛、平面摇动筛、平面旋回筛、圆筒筛、高方筛和旋振筛等。

分级是指根据固体颗粒因粒度不同在介质中具有不同沉降速度的原理，将颗粒群分为两种或多种粒度级别的过程。分级是针对磨矿产物的重要作业，分级与筛分的区别在于筛分一般用于较粗物料，一般大于 0.25mm，而较细物料多用分级。分级主要分为干法和湿法分级，与磨机作业联系紧密。非金属矿加工中用到的常用分级设备包括：螺旋分级机、水力旋流器、水力分级机和气流分级机等。

精细分级是超细粉碎常配置的分级作业。精细分级既可以提高超细粉碎的生产效率，也可以获得指定粒度的最终产品。精细分级设备主要包括以空气为介质的干法分级设备（ATP、TSP、MS、MSS、NEA、LHB、TTC、TFS 型超微细分级机）和以水为介质的湿法分级设备（卧式螺旋卸料沉降离心机、超细水力旋流器）。

2.1.3.3 洗矿

洗矿是用水力或机械力擦洗被黏土胶结或含泥较多的矿石，使矿石碎散，洗下矿石表面细泥并分离的过程。洗矿由碎散、分离两个作业组成，碎散作业主要是利用水的冲洗和浸透作用使黏土膨胀碎散，有时还辅以机械的碰击、搅拌和剥磨作用加速碎散过程；分离作业主要是按粒度的不同将黏土与矿粒分开，根据原矿的粒度特性，分离作业一般采用湿式筛分或水力分级，或者两者同时采用。

2.1.3.4 拣选

拣选是利用矿石的表面颜色、光学性质、放射线的差异进行矿块和矿粒分选的方法。对于非金属矿的拣选，可预先富集或直接获得最终产品。拣选分为块选、份选、流水线连续选三种方式。连续选是一定厚度的物料层连续通过拣选区，份选是按份通过，块选则是按块通过拣选区，具有不连续性。根据选别方式可分为人工拣选和机械拣选两种，这和矿石性质、价值与选别难易程度有关。随着电子计算机的推广运用和人工成本的增加，机械拣选逐渐替代人工拣选。基于非金属矿石与其他矿物在颜色、透明度、半透明度、漫反射等光学性质上的差异，常采用的拣选方式为光电拣选。主要设备有：采用 γ 射线的放射性拣选；采用 γ 射线、X 射线、γ 中子的射线吸收拣选；采用 γ 射线、X 射线、紫外光的发光性拣选；采用可见光、X 射线的光电拣选；采用荧光、LED 光源的色选机等。

2.1.3.5 重选

重力选矿是利用被分选矿物颗粒间相对密度、粒度、形状的差异及其在介质（水、空气或其他相对密度较大的液体）中运动速率和方向的不同，借助流体浮力、动力及其他机械力的推动而松散，在重力（或离心力）及黏滞阻力作用下，使不同密度（粒度）的矿粒发生分层转移，将矿石中的有用矿物和脉石分开，从而达到分选目的。重力选矿具有悠久的历史，为人类历史进步做出了巨大的贡献，尤其是其具有低成本、低污染的特点，在矿山选别中具有不可或缺的地位。

以水（重介质）为分选介质，按照作用力场，重选可分为垂直重力场、斜面重力场和离心力场。垂直重力场以各类型的跳汰机为主，具有处理量大、富集比高的特点；斜面重力场包括摇床和螺旋选矿机，其中摇床多用于精选，螺旋选矿机多用于粗选；离心力场包括离心选矿机、重介质旋流器和水力旋流器。以空气为分选介质的设备主要有：筛分分选机组（平面摇动筛、风机等）、空气通过式分选机、空气离心式分选机和振动式空气分选机等。

2.1.3.6 磁选

磁选是在磁选设备的磁场中进行的选别过程。被选矿石给入磁选设备的分选空间后，受到磁力和机械力（包括重力、离心力、水流动力等）的作用。磁性不同的矿粒受到不同的磁力作用，沿着不同的路径运动。由于矿粒运动的路径不同，所以分别接取就可得到磁性产品和非磁性产品（或是磁性强的产品和磁性弱的产品）。

在外磁场作用下使物体显示磁性的过程，称为磁化。为了更确切地表示物体的磁性，将单位质量的矿粒在单位强度的外磁场中所产生的磁矩定义为比磁化系数（单位 m^3/kg）。按照比磁化系数的不同，可将矿物分为四类，即强磁性矿物（$>3000\times10^{-8}m^3/kg$）、中磁性矿物 [$(500\sim3000)\times10^{-8}m^3/kg$]、弱磁性矿物 [$(15\sim500)\times10^{-8}m^3/kg$] 和非磁性矿物（$<15\times10^{-8}m^3/kg$）。相应地，回收强磁性矿物常采用磁感应强度 $0.12\sim0.15T$ 的弱磁场磁选机，回收弱磁性矿物常采用磁感应强度 $1\sim2T$ 的强磁场磁选机，非磁性矿物尚不能用磁选法进行分选。由于大部分非金属矿属于非磁性矿物，因此磁选作业主要是用于对非金属矿物的除杂处理。主要设备有：弱磁场磁选机（磁力脱水槽、永磁干式磁辊筒、永磁圆筒式磁选机，磁场强度 $72\sim136kA/m$）、强磁场和高梯度磁选机（干式圆盘式强磁选机、干式双辊强磁场磁选机、湿式平环强磁选机、湿式双立环式强磁选机、高梯度磁选机，磁场强度 $480\sim1600kA/m$）和超导磁选机（零挥发低温超导磁选机，磁场强度 $\geq5000kA/m$）。

2.1.3.7 电选

电选是利用矿物电性的差别，在高压电场中实现矿物分选的一种选矿方法。根据电导率的大小，可将矿物分为导体矿物（电导率 $10^4\sim10^5S/cm$）、半导体矿

22

物（电导率 $10^{-10}\sim10^{2}\,S/cm$）和非导体矿物（电导率$<10^{-10}\,S/cm$）。使矿物带电的方式有传导带电、感应带电、电晕带电和摩擦带电等。电选设备利用矿物电性的差别，使具有不同电导率的各种矿物通过电场时，在静电感应或俘获带电离子的作用下携带有不同的电荷，并在电场中显示不同的特点，辅以重力等作用，使之产生不同的运动轨迹，然后借助接料器具，达到将不同导电性矿物分离的目的。电选机形式多样，按电场特性可分为静电电选机、电晕电选机和复合电场电选机；按结构特征可分为辊式电选机、板式电选机和带式电选机；按带电方式可分为接触式电选机、摩擦式电选机和电晕式电选机。

2.1.3.8　浮选

浮选是利用矿粒表面性质的差异，在气、液、固三相界面体系中使矿物分选的选矿方法。采用能产生大量气泡的表面活性剂（起泡剂），当在水中通入空气或由水的搅动引起空气进入水中时，表面活性剂的疏水端在气-液界面向气泡的空气一方定向，亲水端仍在溶液内，形成了气泡；另一种起捕集作用的表面活性剂（捕收剂）吸附在固体矿粉的表面。这种吸附随矿物性质的不同而有一定的选择性，其基本原理是利用晶体表面的晶格缺陷，而向外的疏水端部分地插入气泡内，这样在浮选过程中气泡就可能把指定的矿粉带走，达到选矿的目的。

浮选适于处理细粒及微细粒物料，用其他选矿方法难以回收小于 $10\mu m$ 的微细矿粒，也能用浮选法处理。浮选按分选有价组分不同可分为正浮选与反浮选，将无用矿物（即脉石矿物）在矿浆中作为尾矿排出的方法叫正浮选；反之叫反浮选。浮选中常用的浮选药剂有捕收剂、起泡剂、抑制剂、活化剂、pH 调整剂、分散剂、絮凝剂等。按搅拌和充气方式的不同，常见的浮选机有机械搅拌式、充气式、充气机械搅拌式、气体析出式和压力溶气式等。

浮选作业常常与磨矿、分级、调浆等预处理作业联用，这些作业与浮选的粗选、精选、扫选作业一起组成浮选流程。为了达到最优化的选别指标和技术要求，不同的浮选流程采用的方法有所不同。影响浮选的主要因素有：磨矿细度、矿浆浓度和酸碱度、药剂浓度、浮选设备、充气和搅拌、浮选时间、水质和矿浆温度等。随着矿石中有用成分含量越来越低、浸染粒度越来越细、成分越来越复杂，浮选作业将越发得到重视。

2.1.3.9　微生物选矿

微生物选矿又称"细菌选矿"。主要利用铁氧化细菌、硫氧化细菌及硅酸盐细菌等微生物从矿物中脱除铁、硫、硅等的选矿方法。生物浸出是通过微生物从矿石中提取有用金属的选矿方法，利用微生物在生命活动中自身的氧化和还原特性，使资源中的有用成分氧化或还原，在水溶液中以离子态或沉淀的形式与原物质分离，其方式比用氰化物进行的堆积浸出更干净。微生物及其代谢产物可用作浮选抑制剂、捕收剂、絮凝剂、预处理剂和氧化浸出剂等。

微生物选矿在非金属矿应用中，主要利用了非金属矿对白度指标的重要要求，如现代工业对高岭土的白度就有着严格的要求，影响高岭土白度的主要因素是其中带色杂质矿物种类和含量。黄铁矿是高岭土中常见的带色杂质矿物之一，而氧化亚铁硫杆菌能氧化黄铁矿及其他硫化矿，经氧化后的黄铁矿再经其他工艺可得到有效去除。

2.1.3.10　化学选矿

化学选矿是利用不同矿物在化学性质或反应特性方面的差异，采用化学原理或化工方法来实现矿物分离和提纯。非金属矿物的化学选矿方法可分为酸法、碱法和盐法等。常用酸为硫酸、盐酸、氢氟酸、硝酸、混合酸等；常用碱为氢氧化钠、氢氧化钾等；常用盐为碳酸钠、硫酸钠、硫化钠、硫酸铵、草酸钠、氯化钠、次氯酸盐、连二亚硫酸钠、亚硫酸盐等。

2.1.3.11　分散

(1) 分散理论

DLVO 理论是一种关于胶体（溶胶）稳定性的理论，是带电胶体溶液理论的经典解释。该理论定量解释了水状分散体系的聚集，并描述了带电表面通过液体介质相互作用的力，见式(2-1)：

$$U_T = U_R + U_A \tag{2-1}$$

式中，U_T 为两个颗粒之间的相互作用势能绝对值；U_R 为双电层作用势能；U_A 为范德华作用势能。但是，DLVO 理论仅限于静电作用力下的胶体体系（介质为水溶液、悬浮颗粒为疏水性时），在实际复杂体系中由于有各种药剂的存在，需进一步借助扩展的 DLVO 理论。扩展的 DLVO 理论把疏水作用势能（U_H）的计算引入颗粒间相互作用的势能绝对值中，并以此来预测溶液中疏水颗粒的分散稳定性，它可表示为式(2-2)：

$$U_T = U_R + U_A + U_H \tag{2-2}$$

因此，处于水溶液中的疏水颗粒在双电层作用力、范德华作用力以及疏水作用力三种力的共同作用下，他们的总势能决定颗粒在水溶液中的稳定性。

(2) 物理分散

物理分散方法主要包括超声分散、机械分散、球磨分散等。

① 超声分散是将一定频率的超声波施加到待分散的微细粒悬浮体系中，超声波在悬浮体系中以驻波的形式传播，使微细粒聚团周期性拉伸与收缩；同时，超声波在体系中产生"空化"现象，使小气泡进入聚团，然后借助破裂作用扩大聚团间隙，最终实现分散作用。

② 机械分散以高速分散机为代表，高速分散机的主要工作部位为高速运转的分散盘，该盘由高速旋转的分散轴所带动。高速旋转的分散盘可使缸内的矿浆呈现出滚动的环流，从而产生一个很大的旋涡。而浆料上面漂浮的粉料很快会随着螺旋状下降到旋涡底部。在分散盘边缘 2.5～5cm 一带形成紊流区，该区颗粒受到强剪切和冲击作用使之迅速分散。此区域外，所形成的上、下两个流束有利于浆料充分循环和翻动。如果分散盘下方呈现出层流的状态，由于不同速度液层之间的相互作用（黏度剪切力作用）起到了很好的分散效果。

③ 球磨分散是矿物通过球磨机在磨细的同时产生分散作用的方法。球磨机是原料在被开采或者破碎成小块以后，再次进行破坏让其颗粒变得更小的设备。研究发现，球磨机还具有分散作用。通过对高分散微细粒的湿法球磨研究发现，固定球配比时，通过延长球磨时间、增大球料比、提高磨机转速、增加理论质量分数，都可以使悬浮液中微细颗粒的分散性提高。其影响程度大小为球料比＞球磨时间＞球磨机转速＞理论质量分数。

（3）化学分散

化学分散是通过向微细粒悬浮体系中加入化学药剂，使其颗粒表面吸附化学药剂后改变颗粒的表面性质，从而改变颗粒与介质间的相互作用，使得悬浮体系分散。分散药剂包括无机分散剂、有机分散剂和高聚物分散剂 3 种。根据作用原理，化学分散可分为以下 5 种：

① 静电分散：利用分散剂在颗粒表面的吸附，增大颗粒表面电位的绝对值以提高彼此颗粒双电层产生的排斥作用，提高势能壁垒，达到分散效果。

② 空间位阻分散：利用高聚物分散剂在颗粒表面的吸附产生，从而产生强烈的排斥作用，提高势能壁垒，达到分散效果。

③ 水化力分散：通过分散剂在颗粒表面的吸附，增强颗粒表面亲水性，从而形成较厚的水化膜，使两颗粒接近时产生强烈的水化斥力，提高势能壁垒，达到分散效果。

④ 静电-空间位阻分散：这是静电分散与空间位阻分散的结合。

⑤ 降低范德华力分散：通过改变介质性质，使颗粒在介质中的 Hamaker 常数值减小，从而降低颗粒间的范德华吸引力，达到分散效果。

2.1.3.12　选择性絮凝

选择性絮凝工艺的主要过程是在两种或两种以上的矿浆悬浮液中加入一种絮凝剂，这种絮凝剂一般是带有许多官能团的高分子聚合物，絮凝剂选择性地吸附在目标矿物上，同时絮凝剂在矿粒之间还起到一个"桥"的作用，连接许多矿物粒子，形成较大的、松散多孔的絮状体。絮凝物可通过浮选、沉淀等方法与分散相分离。

选择性絮凝工艺大致为：浆料分散→絮凝剂选择性吸附并形成絮团→调整絮团使夹杂物减至最小→絮团分离。常用的高分子絮凝剂包括天然高分子（淀粉、单宁、糊精、明胶、腐殖酸钠、羧甲基纤维素等）、合成高分子（聚丙烯酰胺、聚乙烯醇、聚乙烯亚胺等）和微生物絮凝剂。

2.1.3.13　煅烧或焙烧

煅烧是天然化合物或人造化合物的热离解或晶型转变过程，此时化合物受热离解为一种组成更简单的化合物或发生晶型转变。煅烧作业可用于直接处理矿物原料以适于后续的工艺要求，也可用于化学选矿后期处理以制取化学精矿，满足用户对产品的要求。

由于各种化合物（如碳酸盐、氧化物、氢氧化物、硫化物、含氧酸盐等）的热稳定度不同，控制煅烧温度和气相组成即可选择性地改变某些化合物的组成或发生晶型转变，再用相应方法处理即可达到除杂和使有用组分富集的目的。

根据温度的不同，矿物材料的热处理作业主要包括 4 个方面：

① 脱水。矿物中所含的水分通常为自由水、吸附水和结晶水。自由水是矿物颗粒表面黏附的水，只要加热至 70～110℃ 即可排除。吸附水是矿物颗粒表面与水分子之间发生的物理吸附作用而黏附的水，常以颗粒水化膜的形式存在，要排除吸附水需将矿物加热至 100～200℃，甚至是 300℃ 以上才可以。结晶水是矿物晶体分子中所含的水，以 OH^- 的形式存在。去除这类水的热处理工艺称为煅烧，所需温度更高。非金属经煅烧后可获得更好的性质，如白度、硬度、吸油性提升，光学性质改善，煅烧可使颗粒内部晶体结构破坏、比表面积增大，继续加热会形成新的稳定形态。

② 热分解。热分解分为轻烧（700～1000℃）和重烧（1400～1700℃），轻烧下的矿物处于其热分解温度范围内，而重烧则远高于矿物的分解温度。

③ 烧成。烧成是远高于矿物热分解温度的煅烧作业，目的是使其成为稳定的固相。

④ 熔融。熔融是矿物材料在达到熔点的温度下由固相转变为液相的过程。

焙烧是在适当气氛（有时还加入某些化学试剂）和低于矿物原料熔点的温度条

26

件下，使原料中的目的矿物发生物理变化和化学变化的工艺过程。它可作为一个独立的化学选矿作业流程或作为选矿的准备作业流程使目的矿物转变为易选或易浸的形态。根据焙烧时的气氛条件和目的组分发生的主要化学变化，可将焙烧过程大致分为以下几类，即氧化焙烧、硫酸化焙烧、还原焙烧、氯化焙烧、煅烧和烧结等。

煅烧或焙烧是处理非金属矿的重要加工技术之一。主要设备有回转窑、立窑、反射炉等。

2.1.3.14　脱水

对于干法选矿和干法改性过程，为了保证较好的效果，需要对原料进行干燥脱水；对于湿法加工的产品，为达到最终要求、便于装运，需要将水分降到国家标准。脱水方法主要有三类：浓缩、过滤和干燥。浓缩是利用悬浮液中液固两相的密度差，使固体颗粒在重力或离心力作用下沉降脱水（脱除重力水）；过滤是利用压力、离心力等使水分从固体颗粒中分离出来（脱除毛细管水）；干燥是借助热物理方法使水分发生相变而成为气体脱除（脱除薄膜水和吸附水）。

其中，重力水是指在重力作用下就可脱除的水分，也可以称为滴状液体水；毛细管水是指由于毛细作用保持在物料毛细孔隙中的水分；薄膜水是指在岩石微粒上围绕吸附水的薄膜形成较厚的薄膜水，薄膜水不受地心引力影响、不传导静水压力、温度0℃以下时结冰，属弱结合水，靠分子力黏附于物料表面；吸附水即结合水或束缚水，指吸附于物料之中或物料颗粒之间的水，呈中性水分子的形式存在，不参与组成晶格，含量不固定，当温度达到100～110℃时，吸附水全部逸出，且不会引起晶格破坏。

浓缩入料水分的质量分数70%～85%，排料水分40%～60%；过滤入料水分40%～60%，排料水分15%～35%；干燥入料水分15%～35%，排料水分小于5%。脱水方式及主要设备见表2-3。

表2-3　脱水方式及主要设备

脱水方式		主要设备
沉淀浓缩	重力	耙式、斜板(管)式、高效浓缩机
	离心力	水力旋流器、螺旋卸料沉降离心机
过滤	真空式	连续转鼓(盘式)过滤机、顶部加料连续转鼓真空过滤机、垂直回转圆盘过滤机、内滤式连续转鼓真空过滤机、水平回转翻盘过滤机、水平带式真空过滤机
	压滤机	带式压榨过滤机、间歇式板框压滤机、立式板框自动压滤机、间歇式加压耙式过滤机、管式可变滤室压滤机、机械挤压式连续压滤机、动态过滤机、微孔式过滤机
	离心式	三角离心机
	磁力过滤机	

脱水方式		主要设备
干燥	直接传热	箱式干燥器、隧道式干燥器、循环流式干燥器、吸入转鼓式干燥器、旋转式干燥器、流化床干燥器、振动输送干燥器、旋转闪蒸干燥器、喷动床干燥器
	间接加热	箱式蒸汽排管、旋转流化床、螺旋输送干燥器、高速搅拌干燥器、转鼓干燥器、干燥罐、带式干燥器、叶片干燥器
	辐射传热	高频加热干燥器
	介电传热	微波干燥器

2.2

海泡石矿物加工研究

由于海泡石具有特殊的孔道结构，使得海泡石拥有黏土矿物中最大的比表面积，理论值可达 $900m^2/g$，基于此优势，海泡石往往被用于吸附剂等环境领域，但是实际比表面积远低于理论值，分析原因为：①天然海泡石，尤其是沉积型海泡石的品位较低，杂质的存在降低了海泡石矿物的比表面积；②海泡石纤维易发生团聚现象，从而降低了海泡石的比表面积。同时，由于纯度低和纤维团聚使海泡石矿物材料在功能化应用进程中受到一定的障碍，尤其是难以将其应用于要求较为苛刻的高新技术领域，因此，有必要对海泡石进行提纯和分散研究。

2.2.1 主要脉石矿物

石英和滑石是海泡石中常见的脉石矿物，由于石英与海泡石的悬浮性相差较大，常采用沉降或离心的方法进行分离。影响因素有搅拌时间和强度、分散剂种类和用量、矿浆浓度、分离时间等。也有研究者用浮选的方法，先利用滑石的天然可浮性在自然 pH 值下优先浮出，然后调整矿浆 pH 值，加入捕收剂，正浮或反浮选出海泡石。也有通过选择性絮凝方法获得了较高纯度的海泡石精矿。

碳酸盐矿物如方解石和白云石常常赋存于海泡石矿中，此类矿物遇酸分解，但如果酸添加量不被控制，海泡石中镁会被脱除，导致海泡石分解，形成无定形硅。利用盐酸可以去除海泡石中的白云石，同时控制盐酸处理条件，以保证海泡石结构和成分不被酸破坏。所用方法为：海泡石分散于 0.1mol/L 氯化镁溶液中，溶液 pH 值高于 6，并控制盐酸添加速率，反应时间 1h 后离心并用去离子水清洗。

2.2.2 海泡石提纯研究

2.2.2.1 海泡石提纯研究进展

海泡石性质柔软，有较强的吸附性和可塑性，密度较大，常规方法是采用悬浮沉降法来提纯产品，但由于其粒子很细，因而生产周期长、占用面积大，因此常采用离心机替代沉降法进行生产。张晓华介绍了 WL$_{db}$-450 多锥角并流型卧螺离心机，某海泡石黏土矿物原矿品位 30%～40%，经本机一次分离后可得到品位达 90% 以上的精矿，矿物回收率达 80% 以上，满足了提纯的要求，解决了海泡石分选设备的问题。

采用擦洗-离心分离法对海泡石进行精选提纯，原料调浆后搅拌擦洗一定时间，加碱调节矿浆 pH 值，再加一定量分散剂，擦洗完毕后，矿浆过 74μm 标准检验筛，同时加水调节筛下矿浆质量分数，过筛后的矿浆在离心分离因数（离心加速度与重力加速度比值）200 和离心时间 15min 的条件下进行离心分选。海泡石精矿品位可由 56.0% 提高到 89.2%，海泡石回收率达到 75.34%，精矿产率达到 47.30%。

对浏阳海泡石选矿方法进行了探讨，原海泡石品位 10%～12%，由于海泡石本身及与之共生的石英、方解石颗粒较细，且脉石被黏土矿物所胶结，因此采用碎解和擦洗方法比较合理。随后，利用滑石天然可浮性在自然 pH 值下优先浮出，然后调整矿浆 pH 值并加高分子凝聚剂团聚微细粒海泡石后，采用胺类和脂肪酸作捕收剂浮选海泡石，可获得海泡石富集比 2～3、回收率 60%～65% 左右的技术指标，并可废弃部分低品位尾矿，在酸性介质中海泡石是正浮选，而在碱性介质中海泡石为反浮选。

对河北省海泡石进行了选别，原矿品位 25%，其他含方解石 5%、白云石 62%、石英 7%，还含有微量的伊利石、滑石、褐铁矿。工艺矿物学研究发现，海泡石呈纤维状，单体颗粒极小，约在 1～2μm，呈集合体分布于白云石颗粒间，白云石一般小于 10μm，紧密镶嵌、结晶程度较好，方解石、石英呈粉砂碎屑，棱角至次棱角状，大多呈单体，粒度较粗。通过试验，制定了"选择性絮凝-离心分离"方案，获得了精矿纯度 92.15%、回收率 76.94% 的海泡石。

通过研究影响海泡石絮凝选矿的几个因素，包括搅拌强度、分散剂、搅拌浓度、絮凝剂和矿浆 pH 调整剂。结果表明：搅拌强度越大，所需搅拌时间越短，分散速度越快，精矿品位越高；随着分散剂用量的增加，矿浆黏性明显降低，其浆糊状也随之消失，流动性增大，海泡石品位明显提高；搅拌浓度过低或过高均影响选矿效率，适宜浓度下，浆液流动性大，搅拌时受到的阻力小，矿粒受到的碰击力大，矿粒解离的概率较大，浓度太稀矿粒之间相互碰撞概率小，且影响生产效率，太浓则矿浆黏性大，搅拌阻力大，矿粒所受作用力减小，影响分散；pH调整剂建议使用碳酸钠，pH值在9～10为宜。选矿工艺采用两段分散两次絮凝的选别工艺，可将原矿品位30%的海泡石富集到品位83%、回收率91.03%的海泡石精矿。

2.2.2.2 湘潭海泡石提纯研究

对湖南湘潭海泡石进行采样、粗碎、混匀、取样后分析，用Cu靶为阳极，利用X射线衍射（XRD）表征矿样的物相组成，测试结果如图2-2。试样主要化学成分分析结果见表2-4。

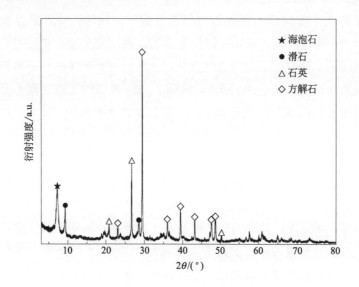

图2-2　海泡石原矿XRD图谱

表2-4　试样主要化学成分分析结果

成分	Al$_2$O$_3$	CaO	MgO	SiO$_2$	Fe$_2$O$_3$	F	其他	合计
含量/%	2.60	29.73	15.25	50.28	1.01	0.38	0.75	100.00

由图2-2可知，湘潭低品位海泡石矿物风化作用较强，杂质较多，主要含有方解石、石英和滑石。根据XRD图谱结果，计算得到原矿中海泡石含量28.9%，方解石含量48.3%，滑石含量13.1%，石英含量9.7%。

由表2-4可知，样品主要含有的元素为Si、Mg、Al、Ca、Fe等。根据滑石理想分子式为Mg$_3$[Si$_4$O$_{10}$](OH)$_2$，海泡石理想分子式为Mg$_8$(H$_2$O)$_4$[Si$_6$O$_{16}$]$_2$，方解石理想分子式为CaCO$_3$，石英理想分子式为SiO$_2$可知，测试得到的主要元素 Ca、Mg、Si 包含于以上矿物中，证实了 XRD 的测试结果。同时，还含有少量的 Al、Fe、F 等元素，这可能是存在微量的其他独立矿物中，也可能是以吸附形式存在，如氟离子；还可能是包裹体或类质同象，如石英晶格中的硅常常被铝和铁所替代。

为考察海泡石原矿的粒度分布情况，对湘潭沉积型海泡石原矿进行筛分分析，筛分所用原矿 500g，方法为湿筛。原矿的粒度组成见表 2-5。

表 2-5　原矿的粒度组成

粒度 d 范围/μm	$d \geqslant 74$	$44 \leqslant d < 74$	$38 \leqslant d < 44$	$30 \leqslant d < 38$	$d < 30$	合计
产率/%	14.47	6.14	4.21	8.59	66.59	100.00

由表 2-5 可知，海泡石原矿中，小于 $30\mu m$ 的粒级产率最大，为 66.59%，其次为大于 $74\mu m$ 的矿物，产率为 14.47%，中间不同粒度（$30\mu m < d \leqslant 74\mu m$）的矿物产率较小，合计产率为 18.94%。

通过对湘潭沉积型海泡石的原矿性质分析，发现海泡石矿物纯度较低，并含脉石矿物石英、滑石和方解石。海泡石会吸收大量的水，从而在水中悬浮起来，石英、方解石颗粒则会沉降于水底，由于海泡石在水中特殊的性能，因此选用湿法工艺进行提纯。由于海泡石属于黏土矿物，细度较细，而大于 $74\mu m$ 粒级的矿物明显不属于海泡石，且考虑到该粒级条件下的筛分效率较高，因此可考虑通过预先筛分试验予以筛除，以减少后期药剂的消耗，提升产率，减少夹带现象。又由于海泡石的黏土属性，使其与其他矿物发生黏附现象，需要借助高速分散机进行分散以提高其纯度。同时，探索试验表明，单纯采用机械分散的方式脉石夹带现象严重，需同时配合化学分散药剂进行分散。因此，制订了提纯流程，见图 2-3。

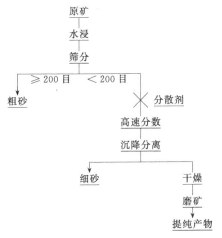

图 2-3　海泡石的提纯流程

对分散和沉降工艺进行了优化，分散条件主要包括高速分散机转速、分散时间、固液比和矿浆 pH 值，分散剂条件主要包含种类和用量。其中，高速分散条件试验方案见表 2-6。沉降分离效果用沉降试验测试海泡石浆液的稳定性，具体方法为：取不同试验条件获得的浆料 500mL，置于相同规格的等体积量筒中，然后保持静置和外界环境不变，一定时间后海泡石矿浆会沉降并出现分层。使用相对沉降高度（RSH）表征浆料分散稳定性，计算公式如式(2-3)：

$$RSH = \frac{H_1}{H} \times 100\%$$ (2-3)

式中，H 为浆料总高度，cm；H_1 为浆料中沉降分层处的高度，cm。RSH 越大，矿浆分散稳定性越高。

表 2-6　高速分散条件试验方案

试验条件	初始值	范围
固液比	1∶10	(1∶5)~(1∶20)
高速分散时间/min	10	5~30
高速分散机转速/(r/min)	2000	1000~3000
pH 值	8	7~10

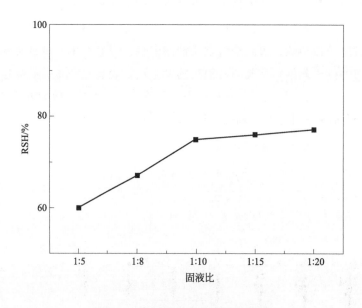

图 2-4　不同固液比的沉降试验结果

控制分散剂时间 10min，转速 2000r/min，pH＝8 不变，调节固液比。由图 2-4 可知，当矿浆浓度较高时，矿浆中海泡石颗粒互相碰撞的概率增大，但过高的矿浆浓度会使浆液失去流动性，海泡石黏土分散效果变差；当矿浆浓度较低时，有利于海泡石的分散，但过低的矿浆浓度会使海泡石颗粒互相碰撞的概率降低，从而需要更长的分散时间。综合考虑，选择固液比 1∶10 为选定的固液比。

控制固液比 1∶10，转速 2000r/min，pH＝8 不变，调节分散时间。由图 2-5 可知，随着分散时间的延长，矿浆的分散稳定性随之提升，当分散时间高于 20min 时，量筒中悬浮矿浆体积值的增加趋于稳定，且过长的分散时间会造成电力的浪费，因此，选择分散时间为 20min。

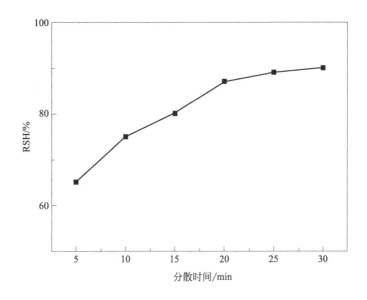

图 2-5　不同分散时间的沉降试验结果

控制固液比 1∶10，分散时间 20min，pH＝8 不变，调节分散机转速。由图 2-6 可知，改变分散机转速，矿浆的分散稳定性随着高速分散机搅拌转速的增大而增大，当高速分散机搅拌转速大于 2000r/min 后，量筒中悬浮矿浆体积值的增加趋势降低，因此，设定分散机搅拌转速为 2000r/min。矿浆的 pH 值会影响矿浆中黏土矿物的分散情况，在不加 pH 调整剂的情况下，海泡石浆料的 pH 值为 8.3，因此，本试验通过向浆料中添加 NaOH 和 HCl 调节浆料的 pH 值。

控制固液比 1∶10，分散时间 20min，分散机转速 2000r/min 不变，调节 pH 值。由图 2-7 可知，随着矿浆 pH 值的增大，矿浆中海泡石的分散悬浮性变好，表现为 RSH 值增大，综合考虑，选择料浆 pH 值为 9。

选用的常见的无机分散剂包括六偏磷酸钠（SHMP）、焦磷酸钠（TSPP）、硅酸钠和碳酸钠，由于后两者兼具 pH 调整剂的效果，因此，在加入分散剂

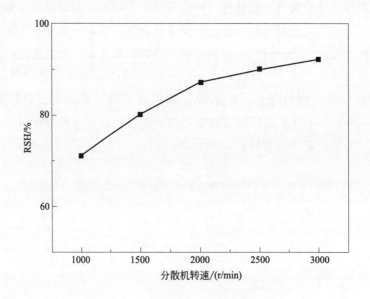

图 2-6　不同分散机转速的沉降试验结果

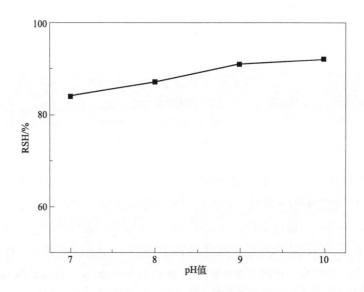

图 2-7　不同 pH 值的沉降试验结果

后，用 NaOH 和 HCl 对浆液进行 pH 值调节。在分散剂浓度为 0.6g/L，矿浆固液比为 1∶10，高速分散机转速为 2000r/min，分散时间为 20min，pH 值为 9 的条件下进行了无机分散剂种类试验，对分散悬浮物进行了 XRD 分析，试验结果如图 2-8。

海泡石矿物材料：加工·分析·设计·应用

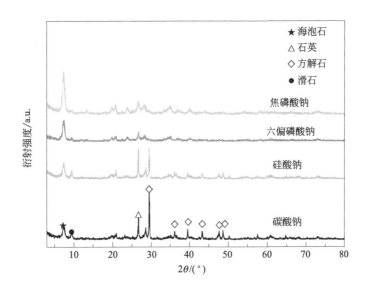

图 2-8　不同无机分散剂提纯海泡石产物的 XRD 图谱

从图 2-8 样品的 XRD 图谱可以看出 SHMP 和 TSPP 对海泡石的分散提纯效果较好，能成功地将原矿中的海泡石与滑石、石英、碳酸钙等分离。含量计算可知，使用 TSPP 分散剂分散提纯的精矿品位能达到 89.32%；使用 SHMP 分散剂分散提纯的精矿品位能达到 85.07%；硅酸钠和碳酸钠分散剂的分散提纯效果不佳，不能成功将海泡石与杂质矿物分离，使用硅酸钠提纯的精矿品位为 35.84%，能稍提高原矿品位；使用碳酸钠提纯的精矿品位为 27.83%，与原矿品位相近，几乎没有提纯效果。

分散剂 SHMP 为一种多聚无机盐，其阴离子一般由 30～90 个基团组成，且具有很高的分子量，SHMP 水解时会产生大量阴离子。根据胶体稳定理论 DLVO 理论可知，这些阴离子会吸附在海泡石颗粒表面，使海泡石表面负电性增强，进而增强了海泡石颗粒间的静电排斥，防止分散体系中海泡石的再次团聚，而且 SHMP 是长链分子，可形成空间位阻效应，有助于海泡石在介质中的均匀散布。分散剂 TSPP 则是小分子，可通过调节海泡石颗粒表面的电位，使海泡石表面电负性增强。

以 TSPP 为分散剂，研究其使用量对海泡石原矿提纯的影响。研究了 0g/L、0.2g/L、0.4g/L、0.6g/L、0.8g/L、1.0g/L 和 1.5g/L 的分散剂用量对分散提纯的影响。其他条件为：固液比为 1∶10，高速分散机的转速为 2000r/min、分散时间为 20min，初始 pH 值为 9。用激光粒度分析仪和 XRD 来表征分散提纯情况，不同分散剂用量产物的粒径分布曲线如图 2-9（见文后彩插）。

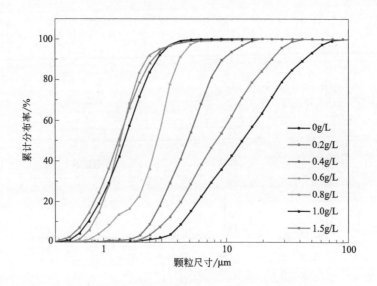

图 2-9　不同分散剂用量产物的粒径分布曲线

从图 2-9 可知，相同条件下，随着 TSPP 用量的增大，海泡石精矿的粒径分布逐渐减小，当分散剂用量达到 0.8g/L 之后，海泡石精矿的粒径分布在 $3\mu m$ 以下，能达到较好的分散效果，继续增加分散剂用量，海泡石精矿的粒度分布情况基本不变。因此，分散剂最佳用量为 0.8g/L，此时，海泡石精矿品位为92.77%，富集比为 3.21。

2.2.3　海泡石分散方法研究

（1）破碎研磨法

天然海泡石中存在大量未松解和未分散的海泡石，不利于开发应用。为此，采用的物理分散方法主要是破碎和研磨（干磨或湿磨）。传统的磨矿工艺可使海泡石的粒径减小、层间折叠和滑移，进而增大了海泡石的比表面积，该方法的缺点是可使纤维变短和损伤，稍长的研磨时间会破坏海泡石的四面体层，更长的研磨时间会进一步破坏海泡石的八面体结构，而且磨矿会造成颗粒的二次团聚，并伴随不可逆的后果，如晶体结构破坏，使矿物无定形化，而过度磨矿反而会降低目标矿物的比表面积。

机械效果往往使被磨物料颗粒表面、结构和形貌发生改变。磨矿造成的结构变形主要有扭曲、碎裂、剥落、无定形化等。其中，气流磨是将压缩的气体经过拉瓦尔喷嘴以加速成超声速状态，然后射向待粉碎物料使之呈流态化，经颗粒间对撞来实现粉碎，粉碎后的物料被送往分级流程经分级后获得；行星磨是将一定矿料装入装有锆球的磨筒中，磨筒同时公转和自转，使磨球和物料做繁复运动，进而发生磨碎行为，所产生的离心加速度可达 $20g$（$g=9.81\mathrm{m/s}^2$）。影响颗粒尺寸和形状的主要参数有旋转速度、球径、球料比、磨矿环境和磨矿时间。

（2）表面活性剂法

表面活性剂是指加入少量就能使溶液体系的界面状态发生明显变化的物质。表面活性剂具有固定的亲水、亲油基团，在溶液的表面能够定向排列。表面活性剂的分子结构具有两亲性：一端为亲水基团，另一端为疏水基团。亲水基团常为极性基团，如羧酸、磺酸、硫酸、氨基或胺基及其盐，羟基、酰胺基、醚键等也可作为极性亲水基团；而疏水基团常为非极性烃链，如 8 个碳原子以上的烃链。通过添加大分子链状表面活性剂，可以调节海泡石纤维表面特性（孔形貌、表面电位）和纤维间作用力（静电斥力和范德华力），进而扩大纤维之间的平衡距离，减少在干燥等后续操作中的二次团聚。

常见的有机改性海泡石分两步，即海泡石的纯化和有机化，这两种方法往往相互独立。为了起到节水节能、降低成本、减少污水的目的，Zhuang 等提出了一步法提纯改性海泡石的方案，有机改性剂苄基二甲基十八烷基氯化铵同时具有有机改性剂和絮凝剂的作用。

部分有机改性剂同时具有分散海泡石纤维的作用。先用酸浸的方式活化处理海泡石，然后采用超声法分散海泡石纤维，干燥后得到产品 ASEP（指酸化后的海泡石），接下来采用 3-氨基丙基三乙氧基硅烷在有机相助剂中与 ASEP 按照一定比例混合，并在 75℃和氮气气氛下进行有机氨基的嫁接。通过引入有机大分子增加空间位阻效应，达到纤维分散的效果。结果表明，嫁接改性后纤维间的斥力增大，在纤维干燥后仍具有防止再团聚的作用。

（3）高速分散法

不同于蒙脱石黏土，海泡石在水溶液中不会自发膨胀和剥离。海泡石纤维的分散需要在高剪切力的作用下进行较长时间的分散，即高速分散法。在高速分散体系中，叶轮边缘 2.5～5cm 处会形成一个湍流区域，在此区域内，矿浆中的海泡石纤维受到较强的剪切和冲击作用，发生解束；在此区域外，形成上、下两个流束，使矿浆得到充分的循环和翻动，保证矿浆中的所有纤维束均能受到该作用力。高的转速、长的搅拌时间、高的海泡石矿浆浓度均利于分散。高速剪切处理后的海泡石在矿浆中呈 3D 网状纤维结构。

（4）超声波法

超声波可处理微米级和亚微米级的矿物，如云母、高岭石、蛭石、滑石和叶腊石等。激光粒度分析仪的测试结果表明，经超声波处理 5h 后，海泡石在溶液中分布的平均粒度由 $29.7\mu m$ 减至 $3.8\mu m$，比表面积由 $322m^2/g$ 增至 $487m^2/g$。FTIR 结果表明，经超声波处理后，$1008cm^{-1}$ 处的峰消失，取而代之的是 $1014cm^{-1}$、$982cm^{-1}$ 和 $967cm^{-1}$ 处的宽峰，这表明海泡石中正四面体片层发生了扭曲。超声波处理后的海泡石对染料的吸附量增加，且与吸附 pH 值和温度呈正相关，通过超声波处理后的海泡石最大单层吸附亚甲基蓝量由 $79.37mg/g$ 增加到 $128.21mg/g$。

(5) 化学分散法

化学分散方法是利用水等溶剂且在化学分散剂的作用下实现纤维松解的方法。刘开平等以叩解度（打浆度）为纤维分散程度的评判标准，辅以分散剂，对海泡石进行了干法和湿法碾磨、打浆、磨浆试验，发现湿法碾磨优于干法，打浆效果优于磨浆，浸泡对纤维的解束效果不明显。

(6) 酸浸法

酸浸法处理集合体可使海泡石纤维分散的同时去除碳酸盐矿物，也保存了黏土矿物结构，但该法会使纤维结晶度下降，纤维长度变短。微波辅助酸浸法可缩短单一酸浸法的处理时间，并且合适的辐照时间纤维不会被破坏。

(7) 冷冻干燥法

冷冻干燥是利用冰晶升华的原理，在高度真空的环境下，将已冻结物料的水分不经过冰的融化直接从冰固体升华为蒸汽。冻干法是海泡石另一种有效的分散手段，可在分散海泡石纤维的同时不影响海泡石的结构与纤维长度，海泡石通道中的水经冷冻后体积变大，使得海泡石分散。

(8) 离子液体法

离子液体（或称离子性液体）是指全部由离子组成的液体。离子液体作为新型"绿色溶剂"，是由有机阳离子和无机（或有机）阴离子组成的低温熔融盐（<100℃），具有酸碱极性可调、正负离子协同、氢键-静电-离子簇耦合以及结构可设计等优点，是一类拥有优异的化学和热稳定性、不易燃、不易挥发的改性剂。采用离子液体 1-丁基-3-甲基咪唑双（三氟甲磺酰）亚胺（$BMImTf_2N$），对海泡石进行分散。试验和测试结果表明，离子液体处理后海泡石结构不被破坏；核磁共振、热重和比表面积测试结果表明，离子液体分子进入海泡石通道中，导致比表面积减小，离子液体分子还可能与海泡石内的金属离子发生反应；形貌表征则证实了离子液体改性的海泡石呈 3D 网状结构，分散效果明显。

(9) 组合方法

有机相（甲苯）的改性并不能使海泡石完全高效分散和解束，同时，改性体系中来自海泡石本身的极少量的水并不足以使改性剂硅烷发生水解和缩合，因此，改性体系中有机相或水相的选择会导致改性产物的完全不同。研究人员通过使用高速分散机，获得了在水相中分散的有机改性的海泡石纤维。具体做法为3g海泡石原矿加入含72mL水的高速分散机中，并加入适量的硅烷，高速分散机以速度12000r/min搅拌20min。在该条件下，悬浮状态的海泡石变成了非流动性的、随时间稳定的水溶性胶体，海泡石纤维在其中呈3D纤维网状结构。通过改变反应条件可实现表面结构的微调，进而实现海泡石纤维表面结构、化学组成、比表面积、表面润湿性的改变。

2.3

加工海泡石注意的问题

2.3.1 提升过滤效率

海泡石纤维的滤水速度比植物纤维低，研究海泡石滤水速度有利于其工业化生产。研究表明，影响海泡石滤水能力主要有以下几个因素：

① 海泡石活化。海泡石经高温活化后，其纤维间吸附的水和内部孔道内的沸石水蒸发，使得滤水时海泡石纤维层的阻力减小，从而提高浆料的滤水性能，滤水速度加快。

② 海泡石分散。适当减少分散时间有利于提高海泡石纤维滤水性能。这可能是因为过度分散容易使浆料体系中细小纤维含量增加，堵塞了滤水时水流通过的孔隙。

③ 浆料浓度。降低浆料浓度可使滤水较为容易，滤水速度加快。

④ 浆料温度。随着浆料温度的升高，浆料体系的黏度降低，滤水性能有所增强。

⑤ 助滤剂。如加入聚丙烯酰胺可以明显改善浆料的滤水速度。

2.3.2 纤维分散和比表面积提升

海泡石多以纤维集合体形式产出，纤维之间具有较强的结合力，纤维束难以分散。为使海泡石纤维达到较好的工业利用效果，使用前需对纤维束进行分散处理，分散海泡石普遍的方法有机械分散法和化学分散法。

海泡石的理论比表面积可达 $900m^2/g$，但由于纯度等实际问题，使得实际的比表面积大大减小，而活化处理可扩大比表面积，目前，最主要的处理方法有煅烧法和酸处理法。

2.3.3　关注工艺矿物学

工艺矿物学是对矿石中的矿物组成、矿物含量、矿石结构与构造、矿物粒度及粒度分布、矿物之间的镶嵌关系、目的矿物的赋存状态、有益组分和有害组分、目的矿物的解离程度，以及有用矿物和脉石矿物的晶格及晶格表面状况等所进行研究的一门科学。只有研究和了解了海泡石矿石中各种矿物的工艺特性，结合国民经济建设中的需要，才能使各种矿物物尽其用，才不会在矿产资源的应用中走弯路，才不容易造成资源的浪费和低效损耗。

2.3.4　注重晶型与结构保护

海泡石在加工过程中晶型和结构保护是选矿加工的重要特点之一，由于海泡石具有独特的纤维结构，在复合材料中具有增强或补强特性，其特殊的孔结构具有优良的吸附、助滤等特性。保留这些天然结构具有较大的应用和市场价值。

对于海泡石的纤维形貌，在选矿作业中尽量采用选择性粉碎、解离和分选工艺；在细粉碎中采用选择性或自冲击式工艺与设备；在分级、干燥中避免高剪切力。对于海泡石的多孔形貌，在化学提纯过程中需控制好酸浓度，热处理过程中需控制好煅烧温度。

参考文献

[1] 国家市场监督管理总局，国家标准化管理委员会．高岭土及其试验方法：GB/T 14563—2020 [S].

[2] 李亚军．山西煤矸石煅烧高岭土的产业发展应用 [J]．山西化工，2016，36（6）：46-51.

[3] 王淇，张丽娜，闵鑫，等．中国煤矸石综合利用技术研究进展 [J]．科技创新导报，2017，14（36）：46-48.

[4] 刘国强，吴建国，王晨阳，等．煤矸石资源化技术现状研究 [J]．现代矿业，2021，37（10）：130-132.

[5] 王怀宇，张仲利．世界高岭土市场研究 [J]．中国非金属矿工业导刊，2008（2）：58-62.

[6] 李旭平，朱钟秀．浏阳永和海泡石矿床中海泡石向滑石转变的矿物学研究 [J]．长春地质学院学报，1993（2）：151-154.

[7] 王继生．重视工艺矿物学推进非金属矿的开发和应用 [N]．中国建材报，2016-10-14.

[8] 江世好，黎向锋，左敦稳，等．高分散微细 La_2O_3 水悬浮液的球磨工艺及分散机理 [J]．功能材料，2012，43（13）：1797-1801.

［9］左勤勇，高玉杰．海泡石滤水问题初探［J］．天津造纸，2005（2）：30-33.

［10］郑水林，孙志明．非金属矿加工与应用［M］．北京：化学工业出版社，2018.

［11］Inukai K，Miyawaki R，Tomura S，et al．Purification of Turkish sepiolite through hydrochloric acid treatment［J］．Applied Clay Science，1994，9（1）：11-29.

［12］张晓华．WL$_{db}$-450 多锥角并流型卧螺离心机在非金属选矿工程中的应用［J］．非金属矿，1989（1）：29-31.

［13］屈小梭，宋贝，郑水林，等．海泡石的选矿提纯与精矿物化特性研究［J］．非金属矿，2013，36（4）：35-36.

［14］雷季纯．浏阳海泡石选矿方法探讨［J］．化工矿山技术，1988（1）：27-29.

［15］张志强，郭秀平，庞玉荣．河北省某海泡石矿的选矿工艺研究［J］．矿产保护与利用，1994（3）：30-32.

［16］蔡荣民．海泡石絮凝选矿［J］．矿产综合利用，1990（3）：1-3.

［17］Zhang J H，Yan Z L，Ouyang J，et al．Highly dispersed sepiolite-based organic modified nanofibers for enhanced adsorption of Congo red［J］．Applied Clay Science，2018，157：76-85.

［18］Küncek I，Sener S．Adsorption of methylene blue onto sonicated sepiolite from aqueous solutions［J］．Ultrasonics sonochemistry，2010，17（1）：250-257.

［19］刘开平，陆盘芳，宫华，等．海泡石纤维化学松解工艺研究［J］．矿业研究与开发，2004，24（4）：25-30.

［20］Zhou F，Yan C J，Zhang Y，et al．Purification and defibering of a Chinese sepiolite［J］．Applied Clay Science，2016，124：119-126.

［21］Lescano L，Castillo L，Marfil S，et al．Alternative methodologies for sepiolite defibering［J］．Applied Clay Science，2014，95：378-382.

［22］de Lima J A，Camilo F F，Faez R，et al．A new approch to sepiolite dispersion by treatment with ionic liquids［J］．Applied Clay Science，2017，143：234-240.

［23］García N，Guzmán J，Benito E，et al．Surface modification of sepiolite in aqueous gels by using methoxysilanes and its impact on the nanofiber dispersion ability［J］．Langmuir：The ACS Journal of Surfaces and Colloids，2011，27（7）：3952-3959.

［24］Zhuang G Z，Gao J H，Chen H W，et al．A new one-step method for physical purification and organic modification of sepiolite［J］．Applied Clay Science，2018，153：1-8.

第**3**章

海泡石表征方法及测试结果分析

作为一种天然矿物，海泡石因具有吸附性、流变性、悬浮性、催化性、耐高温性和分散性等特性而被广泛地开发和利用。这些特性所使用的分析、表征和测试手段是建立于矿物学和分析技术等交叉学科基础之上的。随着微观层面对海泡

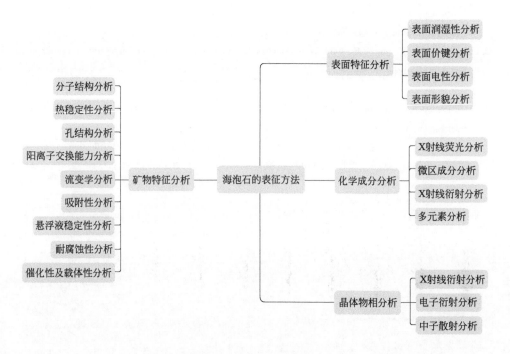

图 3-1　海泡石的表征方法

42

石组成结构认识的不断加深，以及在新材料领域对海泡石开发利用的不断拓展，海泡石相关的分析和表征方法也逐渐全面、深入和优化。归纳的海泡石的表征方法见图 3-1。

3.1

海泡石表征的意义

1913 年英国物理学家布拉格父子研究 X 射线在晶面上的反射时，得到了著名的布拉格公式，奠定了用 X 射线衍射对晶体结构分析的基础。随后，各国先后投入人力、物力从事黏土矿物样品的鉴定和研究，最终提出了黏土矿物是分散、含水的层状构造硅酸盐矿物总称，由硅氧四面体和铝氧八面体彼此连接组成。

20 世纪 70 年代开始，大型透射电镜和高精密 X 光能谱分析仪的使用，使研究人员直接观测到矿物的超微结构并能测定其微区成分，对黏土矿物的研究进入了全新的领域。同时认识到黏土矿物四面体中的四价硅可被三价铝取代，八面体中的三价铝可被二价镁、铁、锌、镍和三价铁等取代，从而导致层内电荷的不平衡，对黏土矿物的特性有关键性作用。

自 20 世纪末起，借助不断更新的分析仪器，对硅酸盐结构的研究进入精细分析的阶段，同时找到了层状硅酸盐结构的畸变规律。

作为一种材料和生产生活资料，黏土很早就与人类的发展密不可分，而在当今社会，黏土除了在传统行业中广泛使用外，在高技术和新兴领域也崭露头角。一旦黏土矿物作为材料来使用和研究，必将涉及材料学科的相关领域，其中，材料的设计、制备和表征是材料研究中重要的三个方面。由此可见，对黏土及其制品进行系统的表征分析具有重要意义。

黏土的成分和微观结构分析主要包括化学成分分析、晶体物相分析和显微结构分析。另外，由于选矿和复合材料的需求，还要进行表界面特性分析。由于黏土的特殊性质，还要对其矿物特征进行表征。对由黏土所制备的材料，还应进行材料性能测试，包括物理性能、化学性能、力学性能等。各种性能的测试都有一套相应的测试方法、装置和标准。

3.2

化学成分分析

化学成分分析是指确定物质化学成分或组成的方法。根据被分析物质的性质可分为无机分析和有机分析；根据分析的要求，可分为定性分析和定量分析；根据被分析物质试样的数量，可分为常量分析、半微量分析、微量分析和超微量分析。

矿石的成分分析是矿产勘查、开发和利用的重要基础，随着海泡石应用领域的逐步拓展、需求量逐年增加，每年需要进行大量的海泡石测试和鉴定工作。

3.2.1 X射线荧光分析

当用 X 射线照射物质时，通过对物质所产生的荧光 X 射线的波长及强度进行研究，即可得知对应元素的种类及含量等物质成分信息，这种方法称为 X 射线荧光分析法。X 射线荧光分析法可用于物质成分测定，分析范围包括原子序数 $Z \geqslant 3$ 的所有元素，并具有实验重复性好、样品损伤小、分析速度快、应用范围广等优点。除用于物质成分分析外，还可用于原子的基本性质如氧化数、离子电荷、电负性和化学键等的研究。

X 射线荧光光谱仪主要由激发、色散、探测、记录及数据处理等单元组成。激发单元的作用是产生初级 X 射线，它由高压发生器和 X 光管组成，后者功率较大，需要用水和油同时冷却。色散单元的作用是选择性地得到特定波长的 X 射线，它由样品室、狭缝、测角仪、分析晶体等部分组成。与此同时，测角仪以 1∶2 速度转动分析晶体和探测单元，并在不同的布拉格角位置上对不同波长的 X 射线作元素的定性分析。探测单元的作用是将 X 射线光子能量转化为电能，常见的装置有盖格计数管、正比计数管、闪烁计数管、半导体探测器等。记录及数据处理单元则由放大器、脉冲幅度分析器、显示部分组成。将定标器的脉冲分析信号直接输入计算机，进行联机处理后即可得到被测元素的含量。X 射线荧光光谱仪的制样方法主要有压片法和熔片法两种，碳元素含量超过 10% 的样品，需先将样品烧成灰，再测试。

X 射线荧光能谱仪没有复杂的分光系统，结构简单。X 射线激发源可通过 X 射线发生器或放射性同位素产生，该部分主要由 X 光机电源和 X 射线管两部分组成。其余单元（如能量色散用脉冲幅度分析器、探测单元和记录单元等）与 X 射线荧光光谱仪相同。X 射线荧光光谱仪和 X 射线荧光能谱仪在使用时各有优缺点：前者分辨率高，对轻、重元素测定的适应性广，对高低含量的元素测定灵敏度均高；后者则将 X 射线探测的几何效率提高了 2～3 个数量级，灵敏度更高，还可以对能量范围很宽的 X 射线同时进行能量分辨（定性分析）和定量测定，功能更丰富。

利用 X 射线荧光分析得到湘潭某海泡石的检测结果，见表 3-1。

表 3-1　湘潭某海泡石原矿 X 射线荧光检测结果

成分	Al_2O_3	CaO	MgO	SiO_2	Fe_2O_3	F	其他
含量（质量分数）/%	2.600	29.727	15.251	50.281	1.014	0.380	0.002

用 X 射线荧光光谱法分别对组成复杂的 α 和 β 海泡石分别进行分析，进而精确地表征了海泡石的元素成分及含量。相比于 α 海泡石，β 海泡石是经历了很长的风化改造过程形成的，风化作用越强，β 海泡石越易形成。

3.2.2　微区成分分析

X 射线能谱分析仪（energy disperse spectroscopy，EDS）一般作为一个附件安装在扫描电子显微镜上，主要通过测定每种元素的特征 X 射线进而检测样品微观表面的元素种类、分布和含量。为了测定海泡石原矿中微区的化学成分，先通过扫描电子显微镜的背散射成像观察定位后，再采用 EDS 对选定的海泡石原矿微区进行成分分析。本研究采用扫描电镜及 X 射线能谱分析相结合的方法对原料样品进行微区分析，经 X 射线能谱分析测试后，确定原料中选定区域中元素分布与含量。海泡石微区成分分析见图 3-2（见文后彩插），海泡石微区元素分析如表 3-2。

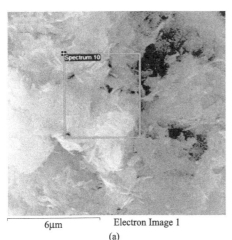

图 3-2　海泡石微区成分分析

表 3-2　海泡石微区元素分析

元素	质量分数/%	原子百分数/%
C	11.23	17.02
O	48.94	55.71
Mg	14.72	11.03
Al	0.25	0.17
Si	24.59	15.95
Ca	0.28	0.13
合计	100	—

图 3-1(a) 中选区为表面粗糙且纤维含量较多的区域，结合图 3-1(b) 的能谱分析结果可知，该区域内主要元素为 O、Mg、Al、Si 和 Ca，其中，O、Mg、Si 为海泡石的主要组成元素。

3.2.3　X 射线衍射分析

X 射线衍射分析是一种利用 X 射线衍射效应分析晶体结构的技术，被广泛地用于多晶体材料的定性分析。X 射线衍射分析可作为一种"指纹"鉴定法用于辨认材料的化学组成，不但适用于测定无机化合物的点阵结构和晶胞参数，而且还常用于确定固溶体体系固相线下的相关系。在完全互溶的单相区内，一种纯组分的晶格参数可随另一少量组分的添加而连续线性地改变，而在两相区中，则出现两种饱和固溶体物相的两套恒定的晶格参数，从而可以明显地区分出相区的界限。根据 X 射线衍射宽化程度的变化，还广泛地用于测定晶粒度的大小、表征晶体中的某些物理缺陷等，是研究固体材料的最重要的常规手段之一。

X 射线衍射仪形式多样、用途广泛，主要由高稳态可调节 X 射线源系统、样品取向调整系统、X 射线检测系统及图谱分析系统等部分组成。其中，X 射线源系统主要是为获得特定波长、强度的 X 射线；样品取向调整系统可以改变 X 射线参照样品的入射角度；X 射线检测系统主要记录样品在不同衍射角下的衍射波强度；图谱分析系统则是对所得衍射图谱中衍射峰的位置、强度及形状进行智能分析。

X 射线衍射方法被广泛用于结晶学和矿物学领域的研究，用于分析材料的晶体结构、晶粒尺寸及物相组成。根据 X 射线衍射的基本原理可知，X 射线衍射技术通常是用来研究结晶构造比较完整、晶格原子排列比较有序的晶体的结构特征，只对长程有序的晶体结构比较敏感。而对于无定形物质来说，其结构与晶体物质有所不同，不具有规则有序的空间点阵结构与长程有序的晶体结构。因此，无定形物质与晶态物质的 X 射线衍射图谱不同，在各个方向上都可产生相干散射，导致无定形物质不能产生特有的衍射花样，常常仅测出一个峰包。

利用 X 射线衍射得到黏土矿物含量属于半定量的分析方法，其计算相含量的方法主要有内标法、外标法和 k 值法等。

采用 RIGAKU DMAX 2550/2550VB+18kW 转靶 X 射线衍射仪对干燥后的湘潭海泡石原矿粉末进行晶体结构分析。工作条件：管压 40kV，管流 150mA，Cu Kα 线，λ=0.154056nm，采用石墨单色器，步宽 0.02°，停留时间 0.075s，扫描范围 3°<2θ<80°。样品的 X 射线衍射图谱见图 3-3。

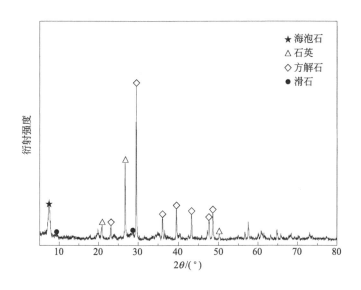

图 3-3　湘潭海泡石原矿的 X 射线衍射图谱

由图 3-3 可知，图中各衍射峰的峰形狭窄尖锐、对称且峰值高，湘潭海泡石原矿的主要衍射峰与标准 PDF 卡片中 No. 13-0595 的海泡石（sepiolite）、No. 47-1743 的方解石（calcite）和 No. 65-0466 的石英（quartz）一致，其对应化学式分别为 $Mg_4Si_6O_{15}(OH)_2$、Ca_3CO_3、SiO_2。因此，检测结果表明，湘潭海泡石原矿中含有的几种主要的物质为海泡石、方解石、石英和滑石。经计算得：海泡石含量约为 28.9%；方解石的含量约为 48.3%；石英的含量约为 9.7%；滑石的含量约为 13.1%。

高理福等针对西部低品位海泡石矿的特点，在试验研究的基础上，通过数学回归方法，推演出可实现海泡石矿品位的快速定量分析的数学表达式。该表达式具有一定的普适性，可以应用到其他海泡石矿品位的快速定量分析中。

迟广成等基于 X 射线粉晶衍射技术，结合内标定量法、固体计数器和计数强度测试技术，对海泡石进行了测试，测试结果可达到现有行业标准与研究要求。

魏均启等将不同含量的分析相海泡石与混入物均匀混合制成标准系列样品，通过X射线衍射分析，揭示了分析相海泡石质量分数与衍射峰积分强度间的内在规律。其基本公式见式(3-1)：

$$X_i = I_i / I_0 \qquad (3\text{-}1)$$

式中，X_i 为分析相 i 在混合物中的质量分数；I_i 为混合物中分析相 i 某衍射峰的积分强度；I_0 为纯分析相 i 的某衍射线积分强度。

样品经测试获得X射线衍射谱线，选取标准系列样中海泡石（110）峰的积分强度 I_{110} 绘制出工作曲线，作为海泡石定量的依据。

3.2.4 多元素分析

多元素分析是为了了解矿石中所含全部物质成分的含量，凡经光谱分析查出的元素，除痕量元素外，其他所有元素都作为化学全分析的项目，分析总和接近100％。化学多元素分析是对矿石中所含重要和较重要的元素的定量化学分析，不仅包括有益和有害元素的分析，还包括造渣元素的分析。以河北灵寿某热液型海泡石和湖南湘潭某沉积型海泡石的多元素分析结果为例，得到的多元素分析结果见表 3-3 和表 3-4。

表 3-3   α 海泡石（河北灵寿）多元素分析结果

元素	SiO_2	Al_2O_3	MgO	P_2O_5	SO_3	K_2O	TiO_2	Fe_2O_3
含量/%	62.83	0.49	14.52	0.01	0.39	0.10	0.04	0.39
元素	CaO	Mn_3O_4	BaO	ZnO	Na_2O	烧失量		总和
含量/%	0.28	0.05	0.66	0.01	0.05	20.19		100.00

注：表中数据均为质量分数。

表 3-4   β 海泡石（湖南湘潭）多元素分析结果

元素	SiO_2	Al_2O_3	MgO	P_2O_5	SO_3	K_2O	TiO_2	Fe_2O_3
含量/%	71.68	5.85	10.89	0.03	0.01	0.88	0.22	1.43
元素	Mn_3O_4	Cr_2O_3	V_2O_5	BaO	ZnO	烧失量		总和
含量/%	0.01	0.01	0.01	0.02	0.01	8.95		100.00

注：表中数据均为质量分数。

将海泡石矿物样品分离后用乙二胺四乙酸（EDTA）容量法测定其中 MgO 的含量，再经换算后即可得到样品中海泡石矿物的百分含量。因此，翁惠英等借

海泡石矿物材料：加工·分析·设计·应用

助海泡石独特的物理性质，在饱和盐水和高剪切力作用下，先利用海泡石可形成网架结构分散的相对稳定的胶体实现海泡石与其他伴生矿物间的分离，再借助EDTA容量法测定MgO含量，最后通过海泡石单矿物测试及对应换算（含MgO19.3%）即可得到海泡石的矿物量，但该法需排除可能的含Mg矿物的干扰。除了EDTA容量法外，海泡石化学分析还包括重量法和比色法等。

周学忠等利用微波等离子体原子发射光谱对海泡石中的主量元素和微量元素进行测定，以硝酸-盐酸-氢氟酸为混合酸经微波消解能彻底分解海泡石样品，加快了样品的处理速度，提高样品溶液的稳定性。本法具有分析运行稳定、光谱干扰少、线性动态范围宽、适用性强的优势。

用电感耦合等子体发射光谱-质谱（ICP-MS）测试海泡石粉末样品中的微量元素，测得杂质含量为：Zr 24×10^{-6}，Rb 9×10^{-6}，Sr 4×10^{-6}，Ni 2×10^{-6}，Co 6×10^{-6}，Ba 63×10^{-6}，V 47×10^{-6}，Nb 4×10^{-6}，Cs 34×10^{-6}，U 12×10^{-6}，Tl $< 0.1 \times 10^{-6}$。

实际上，为了更精准地获得海泡石化学成分，人们往往不仅仅局限于采取单一的分析手段，而是根据不同情况和不同需求制定不同的测试方案。

针对海泡石的化学成分分析，国外常采用SepSp-1和SepNev-1作为标准对照物质，这两种标准物质由11种定值组分组成，包括SiO_2、Al_2O_3、Fe_2O_3、FeO、MgO、CaO、Na_2O、K_2O、TiO_2、P_2O_5及烧失量（LOI），但是我国在海泡石标准物质的研发方面一直存在瓶颈问题。魏双研制了海泡石国家级标准物质（GBW07138），并将定值组分扩充至63种，涵盖了主量元素、微量元素和稀土元素。采用各组分对应的国标测试方法分别进行定值测试，将传统化学分析方法和现代仪器分析方法相结合。主量元素的定值测试主要采用传统化学方法，如重量法、容量法、比色法等，并辅以X射线荧光光谱（XRF）法；微量元素、稀土元素的定值测试主要以ICP-MS/OES为主；对于易产生干扰的元素的定值测试则采用石墨炉原子吸收光谱（AAS）法和传统极谱法等方法。海泡石测试标准的制定不但保障了测试结果的准确性，还为海泡石的开发利用提供了质量监管依据。

3.3

晶体物相分析

晶体物相分析是指利用衍射分析的方法探测晶格类型和晶胞常数，确定物质的物相结构。物相分析不仅包括对材料物相的定性分析，还包括定量分析以及各种不同物相在组织中的分布情况分析。

3.3.1　X射线衍射分析

3.3.1.1　定性和定量分析

以河北省灵寿县的热液型海泡石（α海泡石）与湖南省湘潭县的沉积型海泡石（β海泡石）这两种代表性海泡石的衍射分析为例。两种海泡石的X射线衍射（XRD）光谱如图3-4所示。由图3-4（a）可知，α海泡石在衍射角 2θ 分别为7.30°、11.84°、13.14°、19.71°、23.71°、26.43°、35.02°和42.51°处存在特征衍射峰，对应于海泡石的标准卡片（JCPDS卡片号：13-0595）的特征衍射峰；由图3-4（b）可知，β海泡石在衍射角 2θ 分别为7.30°、11.84°、13.14°、19.71°、20.59°、23.80°、26.43°、27.86°、29.26°、35.02°、36.03°处也存在特征衍射峰，其中 2θ 为7.30°的最高峰对应海泡石的（110）晶面。另外，β海泡石在 2θ 分别9.5°和28.59°处的特征衍射峰则对应滑石结构的（002）和（006）晶面，表明该样品中还存在少量的滑石杂质。结合XRD特征光谱经计算可得，在α海泡石中，海泡石含量为86.81%，滑石含量为13.19%；在β海泡石中，海泡石含量为88.90%，滑石含量为11.10%。

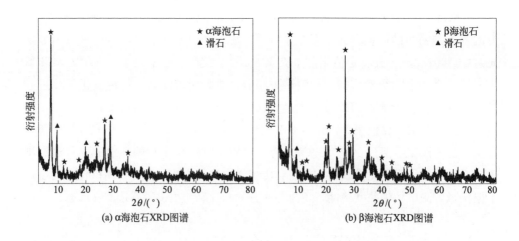

(a) α海泡石XRD图谱　　　　　　(b) β海泡石XRD图谱

图3-4　α 和 β 海泡石 XRD 图谱

3.3.1.2　晶粒度测定

海泡石的晶粒粒径可由 Scherrer 公式 ［式(3-2)］ 计算得到：

$$D_{hkl} = Nd_{hkl} = \frac{0.89\lambda}{\beta_{hkl}\cos\theta} \tag{3-2}$$

海泡石矿物材料：加工·分析·设计·应用

式中，D_{hkl} 为纳米晶的直径，Å（$1Å=10^{-10}$ m）；λ 为入射波长，Å；θ 为衍射的布拉格角，（°）；β_{hkl} 为衍射的半峰宽，rad（$1rad=57.3°$）。

3.3.1.3 介孔结构测定

小角度 X 射线衍射可以用来研究海泡石的介孔结构。研究发现，海泡石（110）面对应的衍射角为 7.36°，经酸改性后，该面衍射峰的 2θ 角增加至 7.5°，相应的 d_{110} 值由 1.202nm 减小至 1.180nm，这是由于氢离子的引入破坏了海泡石结构中的 Mg—O 键，使得其（110）面间距变小；而钛、铜等金属离子柱撑后衍射角向小角度方向移动，则说明柱撑作用有效拓宽了海泡石的晶面间距。

3.3.1.4 同步辐射 X 射线衍射技术和 Rietveld 法

精细结构现象最初由 Fricke 和 Hertz 于 1920 年分别发现，而完全的 X 射线吸收精细结构（X-ray absorption of fine structure，XAFS）光谱则是由 Ray 和 Kievet 等在 1929 年测得，在经历了 50 年的反复争论后，这种现象才得以定论。随着同步辐射技术的兴起，X 射线吸收光谱学又焕发出勃勃生机。同步辐射是接近光速的电子在环形加速器中改变运动方向时沿着电子轨道切线方向放出的辐射。这种电子的自发辐射相比传统实验室 X 射线在强度、谱宽、精度等方面具有无法比拟的优势。目前，XAFS 是探究微观结构的主要方法之一，再结合 Rietveld 结构精修等方法，经过多晶衍射数据的数学处理及晶体结构初始模型的筛选，可构建全谱拟合后的多晶复杂结构。相比 X 射线衍射实验，XAFS 具有更广泛的应用，可适用于晶体、非晶体、固体、液体和气体的原子短程结构分析测定。同步辐射装置主要由全能量注入器、电子储存环及光束线站组成。其中，全能量注入器主要包括电子直线加速器、增强器以及高能和低能输运线，电子直线加速器将电子束加速后，经低能输运线注入增强器，进一步提升电子束能量后，再经高能输运线注入电子储存环。电子储存环也称为闭合环形加速器，由高能电子束运动、储存、补能、偏转和控制等系统组成，用以储存高能电子束并发出高品质的同步辐射光。光束线站是一个基于多极 wiggler 光源（MPW）的通用、高性能 X 射线吸收光谱实验装置，用以开展高分辨三维结构、元素吸收边和谱学成像研究。这一设备有助于研究海泡石及其悬浮液在不同介质和外界作用下的晶体结构和取向动力学。Giustetto Roberto 等在原始海泡石和 Maya 蓝颜料上收集了同步辐射 X 射线衍射光谱，结合 Rietveld 方法对其结构进行了拟合。

3.3.2 电子衍射分析

选区电子衍射（selected area electron diffraction，SAED）是根据选区形貌

观察与电子衍射结构分析的微区对应性，实现晶体样品的形貌特征与晶体学性质的原位分析。该方法主要利用电子物质波的衍射特性，对透射电子显微镜的选区光栅、物镜、荧光屏、聚光镜、相机等装置的参数进行调节，进而得到测试样品微区的物相和结构信息。

图 3-5 为不同温度煅烧处理后的海泡石纤维的选区电子衍射图。由图可知，海泡石纤维经 300℃ 煅烧处理后，样品的电子衍射图为较为清晰的同心圆，表明纤维的多晶结构。此时纤维仍为海泡石相，其结构并未发生明显破坏。当煅烧温度达到 600℃ 后，纤维的孔道结构发生坍塌折叠，表明海泡石相逐渐向滑石相演化，纤维结构的坍塌也伴随着纤维直径的变化。电子衍射同心圆半径和清晰度发生改变，揭示了纤维内部多晶结构的变化。当煅烧温度高达 900~1200℃ 时，样品的电子衍射同心圆更加清晰，这表明此时纤维仍为多晶结构且结晶度进一步升高。

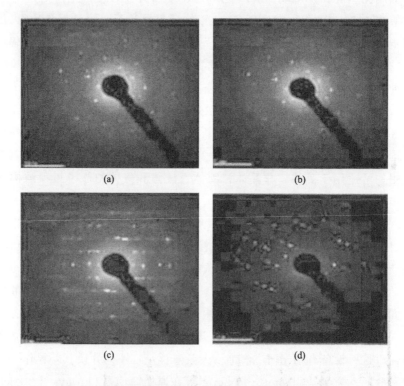

图 3-5　不同煅烧温度热处理后海泡石纤维的选区电子衍射图

3.3.3　中子散射分析

中子散射技术是一种利用中子物质波的散射特性研究物质结构和动力学性质

海泡石矿物材料：加工·分析·设计·应用

的技术。根据中子与晶体结构相互作用过程中能量的变化，可以分为弹性中子散射和非弹性中子散射。其中，弹性中子散射指的是散射前后中子仅动量改变，能量保持恒定，侧重于测定样品中原子的排列方式等结构信息；非弹性中子散射则是指散射前后中子的动量、能量皆发生变化，主要用于研究样品中动力学相关能谱。相比于 X 射线衍射技术，中子散射技术对轻元素更敏感，便于分辨轻元素在晶胞中的占位。基于热中子（能量在几百到几毫电子伏范围的中子）与凝聚态物质相互作用的散射理论所建立的热中子非弹性散射技术，近年来被广泛应用于选矿研究。

热中子非弹性散射法是通过分析热中子入射到各种物质上发生能量、动量改变的散射效应进而获得物质内部动态信息的技术。热中子对大多数物质都具有良好的穿透性，它的动能与同处在一般温度下物质内部分子或原子的振动、转动、扩散等运动的能量相近，可以通过热中子在这些原子、分子上的一次非弹性散射后所发生的能量、动量变化情况来得到原子动态过程中能量和动量关系。鉴于中子束还兼具粒子流的特点（如不带电荷，具有磁矩，对同位素、轻元素灵敏等），因此，同 X 射线、红外光、超声波技术等技术手段相比，热中子非弹性散射技可以鉴定一些用这类"常规"技术测不到的物质结构。基于不同的中子源，非弹性中子散射谱仪主要分为中子三轴谱仪和中子时间飞行谱仪两种。在中子三轴谱仪中，具有稳定中子束流的反应堆中子源，经单色器分光后射向样品台，再经准直器、射束阑、分析器对散射中子束进行校正，最后满足特定能量和动量关系的中子进入探测器进行数据分析；在中子时间飞行谱仪中，入射中子动能则由旋转中子斩波器选定，由斩波器、散射台、射束阑、探测器等组成，主要通过测量散射中子到达不同探测器的数目和时间进而探究样品结构组成。

在海泡石中水是必不可少的组成部分。表征海泡石中水的行为有助于推进对其宏观现象（如物种迁移、超滤、离子交换、吸附等）的理解。采用中子散射法和模拟法相结合的方式，可以更好地掌握海泡石中水的性质。通过中子散射技术分析表明，硅酸盐四面体的扭曲破坏了界面水的氢键模式，相比于坡缕石 $(Mg, Al)_5[(OH)_2(Si, Al)_8 O_{20}] \cdot 8H_2O$，海泡石的孔隙较大，其每个结构水分子可以观察到更多的氢键，尽管键的距离比在坡缕石中观察到的要大。非弹性中子散射数据表明海泡石更高频率的振动特性。因此，可得出结论为：海泡石的硅酸盐四面体晶胞结构的扭曲破坏了内部水分子稳定氢键的形成，并对承压水的动力学行为造成较大的影响。

3.4

表面特性分析

由于海泡石等黏土具有纳米尺度，因此，不同于传统固体材料，黏土会表现出纳米材料的特性，其中，表面与界面特性是纳米级黏土的重要特性之一。随着微粒粒径的减小，其比表面积大大增加，位于表面的原子数目将占相当大的比例。而庞大的表面会使微粒的表面自由能、剩余价和剩余键力大大增加，键态严重失配，出现了许多活性中心、表面台阶和粗糙度增加，表面出现非化学平衡、非整数配位的化学价，从而导致纳米微粒的化学性质与化学平衡体系有很大差别。

3.4.1 表面润湿性分析

矿物表面与特征液体间界面能量的表征与分析，对矿物的实际加工与应用技术（如矿物浮选工艺）也十分重要。矿物表面对液体的亲疏特性，可用接触角来度量。将液体滴在矿物固体表面，沿液滴作切线，此时切线与固体表面的夹角即为接触角。以海泡石表面润湿性分析为例，选用土耳其 Sivrihisar 矿区的海泡石作为样品，其海泡石含量为 $85\% \pm 3\%$，试验温度设为 20℃。选用的张力计型号为 Sigma701，采用毛细管上升法测量海泡石纤维的接触角，将粒径小于 $150\mu m$ 的海泡石粉（0.5g）放入内径为 9mm 的标准管中，底部被滤纸取代。首先，将海泡石人工引入柱中，然后轻敲柱子约 50 次，最后用金属棒将其紧紧压缩，直到床层高度不再改变。

利用液体质量的平方与海泡石床渗透时间的关系式(3-3)，从毛细管上升曲线中确定接触角值，以选择合适的润湿液。实验结果如表 3-5 所示。

$$m^2 = \cos\theta \, \frac{C_W \rho^2 \gamma}{\eta} t \tag{3-3}$$

$$C_W = \frac{1}{2} R (Lef)^2 \tag{3-4}$$

式中　C_W——毛细管常数（washburn or capillary constant），cm^4；

　　　m——样品在 t 时间内吸收的液体的质量，g；

　　　θ——润湿液体与粉末固体之间的接触角，(°)；

　　　γ——液体表面张力，N；

　　　ρ——液体密度，g/cm^3；

η——液体黏度，$Pa \cdot s$；

t——时间，s；

R——平均孔径或有效孔径的平均孔径（average radius of the mean pore or effective pore diameter），mm；

f——孔隙率（porous fraction），$\%$；

L——柱长（length of column），mm；

e——柱厚（column thickness），mm。

表 3-5 毛细上升试验获得的接触角

非极性液体	己烷	庚烷	辛烷	癸烷	十二烷	
表面张力/(mJ/m^2)	18.43	20.14	21.62	23.83	25.35	
极性液体	乙二醇	溴萘	甲酰胺	二碘甲烷	水(毛细法)	水(扩张压法)
表面张力/(mJ/m^2)	47.70	44.60	58.20	50.80	72.80	70.9~71.4

对海泡石进行有机改性，并将不同的海泡石样品制片，快速测试其接触角，结果如图 3-6。图 3-6(a) 为海泡石的接触角，可见其亲水性较好；图 3-6(b) 为采用

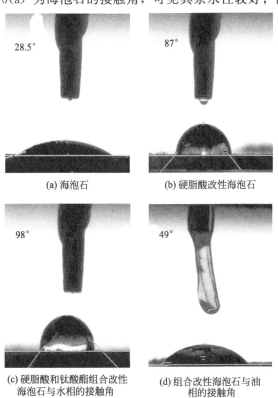

(a) 海泡石

(b) 硬脂酸改性海泡石

(c) 硬脂酸和钛酸酯组合改性
海泡石与水相的接触角

(d) 组合改性海泡石与油
相的接触角

图 3-6 接触角测试结果

硬脂酸改性的海泡石，接触角为 87°，疏水性提高；图 3-6(c) 为采用硬脂酸和钛酸酯组合改性的海泡石，接触角达到 98°，疏水性进一步提高；将这类改性的海泡石与油相接触，得到图 3-6(d)，其接触角为 49°，说明其亲油性较好。

3.4.2　表面价键分析

X 射线光电子能谱（XPS）技术是电子材料与元器件显微分析中的一种先进分析技术，是由瑞典科学家 K. Siegbahn 团队于 20 世纪 60 年代发明的一种新的分析方法，并斩获了 1981 年的诺贝尔物理学奖。X 射线光电子能谱技术常常和俄歇电子能谱（AES）技术配合使用，因为它可以比俄歇电子能谱技术更准确地测量原子的内层电子束缚能及其化学位移，所以它不但为化学研究提供分子结构和原子价态方面的信息，还能为电子材料研究提供各种化合物的元素组成和含量、化学状态、分子结构、化学键方面的信息。它在分析电子材料时，不但可提供总体方面的化学信息，而且能给出表面、微小区域和深度分布方面的信息。另外，因为入射到样品表面的 X 射线束是一种光子束，所以对样品的破坏性非常小，这一点对分析有机材料和高分子材料非常有利。X 射线光电子能谱仪主要由进样室、超高真空系统、X 射线激发源、离子源、电子能量分析器、检测器系统、荷电中和系统及计算机数据采集和处理系统等组成。

利用 X 射线光电子能谱技术分析得到的海泡石全谱如图 3-7，图中 Mag 为磁铁矿，SepMag 为复合材料，Sep 为海泡石，海泡石表面含有 Si、C、Mg、O 元

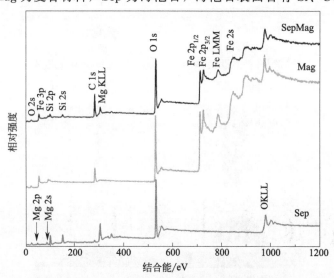

图 3-7　X 射线光电子能谱技术分析得到的海泡石全谱

素。由图可知磁铁矿表面含 Fe 元素，将磁铁矿在海泡石表面原位生长，构成海泡石磁铁矿复合材料，该复合材料同时具有海泡石和磁铁矿的各自元素，这是复合结构形成的重要证据。

刘云等用 XPS 技术研究和比较了海泡石和海泡石负载 Ag、AgCl、Fe 后得到的 Ag/AgCl/Fe-S 复合材料，发现相比于纯相海泡石，Ag/AgCl/Fe-S 材料表面出现了单质 Fe 和 Ag/AgCl 的信号，表明海泡石表面存在 Ag/AgCl 和 Fe 结构。XPS 结果见图 3-8，图 3-8 中谱线（1）为海泡石的 XPS 图，图 3-8 中谱线（2）为 Ag/AgCl/Fe-S 的 XPS 图。

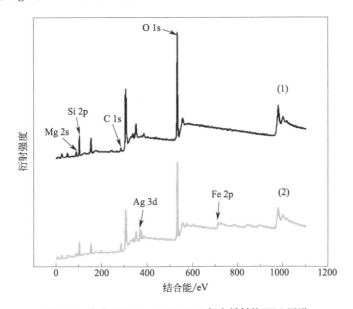

图 3-8　海泡石和 Ag/AgCl/Fe-S 复合材料的 XPS 图谱

3.4.3　表面电性分析

Zeta 电位是溶液中悬浮颗粒近表面位置相对于溶液连续相的电势差，主要用于衡量胶体分散体系的稳定性。通过测试悬浮颗粒在特定电场中的电泳速度来测定 Zeta 电位，即电泳法。Zeta 电位仪主要包括电泳系统（电泳池、内置电极、电极支架、电泳杯等）、半导体发光近场光学系统、电源系统及数据处理系统等组件。各种黏土颗粒（<100nm）或胶粒（<1μm）在电解质分散体系中均带电，表面荷电情况主要由黏土表面特性、溶液 pH 值和离子强度决定。两种海泡石的 Zeta 电位测试结果如图 3-9。

图 3-9 中，随着 pH 值的增大，海泡石的 Zeta 电位逐渐减小。β 海泡石的等电点 IEP 值（pH_{IEP}）为 2.25，α 海泡石的 pH_{IEP} 值为 3.22，当 pH 值大于海泡

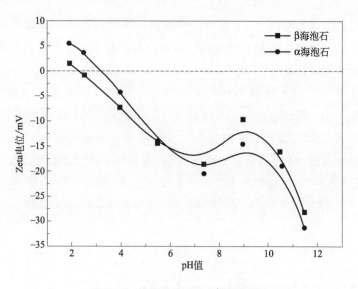

图 3-9　海泡石的电动电位曲线图

石的 pH$_{IEP}$ 值时，α 和 β 海泡石所测得的 Zeta 电位均呈负值；而当 pH 值小于海泡石的 pH$_{IEP}$ 值时，所测得的 Zeta 电位均呈正值。在多数 pH 值范围内，海泡石表面呈负电性，可能的原因是：①海泡石中 Si^{4+}、Mg^{2+} 被低价的 K$^+$、Na$^+$、Ca^{2+}、Fe^{3+} 等取代，使海泡石晶格呈负电，为保持电中性，海泡石表面会吸附一些阳离子，这些阳离子在水溶液中会吸附阴离子，进而在海泡石表面形成扩散双电层结构；②在水溶液中的某些阴离子溶剂化能力较弱，易吸附于海泡石表面；③在水溶液中，海泡石表面的 H$^+$ 易发生电离。以上三种情况均有可能使海泡石 Zeta 电位呈负电位。

对于海泡石等硅酸盐黏土矿物，Zeta 电位的定位离子主要是 H$^+$ 和 OH$^-$，在酸性条件下，溶液中 H$^+$ 浓度高，矿物表面的羟基电离增多，使海泡石正电性上升。同时，H$^+$ 在溶液中的浓度高于海泡石解离的浓度，有利于溶液中 H$^+$ 在海泡石表面的吸附，从而增加了正电性。在碱性条件下，情况与酸性条件相反。因此，海泡石的 Zeta 电位负电性大。当 pH 值继续升高时，Zeta 电位反而出现回升，这可能是因为溶液强碱性降低了海泡石结构中阳离子的溶解平衡，进而使海泡石负电性降低并趋于零。

该仪器还可同时测定悬浮液中颗粒的尺寸。电位仪测试的结果显示，悬浮液中长纤维海泡石颗粒的平均尺寸为 $3.2\mu m$，短纤维海泡石颗粒的平均尺寸为 $0.7\mu m$，即长纤维海泡石的平均粒径大于短纤维海泡石的平均粒径。

袁继祖研究了不同条件下海泡石和滑石矿物电动电位的影响规律，研究发现，随着分散剂硅酸钠、六偏磷酸钠、焦磷酸钠用量的增加，两种矿物电动电位负值增大。其中六偏磷酸钠对海泡石的电动电位影响较大，其次是焦磷酸钠。分散原理是六偏磷酸钠可与海泡石表面金属阳离子形成稳定的络合物，在矿物表面产生特性吸附。六偏磷酸钠为螺旋式长链聚合物，其阴离子带高负电荷，与矿物形成螯合物后，使矿物表面荷负电，提高了静电排斥势能，从而使矿粒分散；六偏磷酸钠的吸附膜也会增大水化膜的强度，产生位阻效应，利于分散。金属离子对海泡石电动电位也有一定影响，例如随着镁离子浓度增加，海泡石电动电位显著减小；钙离子对海泡石电动电位影响不明显；三价的铁离子和铝离子是海泡石的特性吸附离子，可使海泡石电动电位由负变正；过量硫酸铝又可以使海泡石的电动电位由正到零，这对海泡石的浮选有巨大的指导意义。

3.4.4 表面形貌分析

随着各种显微技术的快速发展，人们对材料的微观形貌结构的认识逐渐加深，其中表面形貌分析技术经历了光学显微镜、扫描电子显微镜、扫描探针显微镜的发展历程。

3.4.4.1 光学显微镜分析

当光线通过某一物质时，光的性质因照射方向而有不同，物质的这种光学特性称为"各向异性"。光线在各向异性材料中传播时会分解出两束偏振方向互相垂直、折射角不同的光波。在这两束光波中，有一束遵守折射定律，称为寻常光，另外一束则不遵守折射定律，称为非常光。

古典的光学显微镜只是光学元件和精密机械元件的组合，它以人眼作为接收器来观察放大的像，后来在显微镜中加入了摄影装置，以感光胶片作为可以记录和储存的接收器，现代又普遍采用光电元件、电视摄像管和电荷耦合管等作为显微镜的接收器，配以微型电子计算机后构成完整的图像信息采集和处理系统。

偏光显微镜是鉴定物质细微结构光学性质的一种显微镜。它是在普通光学显微镜的结构基础上，加上两块能使光线偏振的尼科尔棱镜。装在聚光镜下面的一块称作起偏镜，装在目镜与物镜之间的一块称作检偏镜，这两块棱镜中的一块固定，另一块可以旋转（或者两块均可旋转），并注有刻度。另外，偏振光显微镜的镜台亦能旋转。它是利用偏振光来鉴别晶体和生物体内某些有序结构的光学性质，同时也可用来鉴别某些组织中的化学成分。凡具有双折射的物质，在偏光显微镜下就能分辨清楚。其主要特点就是将普通光改变为偏振光进行镜检，以鉴别某一物质是单折射性（各向同性）或双折射性（各向异性）。双折射性是晶体的基本特性。因此，偏光显微镜被广泛地应用在矿物、化学等领域。

用偏光显微镜研究矿物的结晶形态是目前实验室中较为简便而实用的方法。随着结晶条件的不同，矿物的结晶具有不同的形态，对于几微米以上的球晶，用普通的偏光显微镜就可以进行观察。透反射偏光显微镜法是利用光经过一定条件下的反射、折射、双折射或散射都会产生偏振光的原理，在偏光显微镜的基础上加入偏振滤光镜，实现透反射观察。

根据晶体的均一性和各异向性，利用晶体的光学性质可制订一种鉴定、研究矿物的显微镜鉴别法。应用这种方法时，须将矿物、岩石或矿石磨制成薄片与光片，在透射光或反射光下借显微镜以观察和测定矿物的晶型、解理和各项光学性质（颜色、多色性、反射率、折射率、双折射率、轴性、消光角以及光性符号等）。透射偏光显微镜用以观察和测定透明矿物（非金属矿物），反射偏光显微镜（也称矿相显微镜）主要用以观察和测定不透明矿物（金属矿物），并研究矿物相的相互关系以及其他特征，以确定矿石、矿物成分等。

以湘潭海泡石的显微观察为例。首先需制作湘潭海泡石原矿样品的光片，具体操作如下：矿样为粉状样品，需先将其通过煮胶、切片，并表面抛光后，制成光片供光学显微镜观察；而薄片则直接将海泡石粉末加一定量的去离子水置于载玻片表面即可进行观察。所得薄片和光片见图 3-10（见文后彩插）。

(a) 薄片   (b) 光片

图 3-10　海泡石制片

将制作好的光片放在电动聚集透反两用偏光显微镜下观察，结果如图 3-11～图 3-15（见文后彩插）。

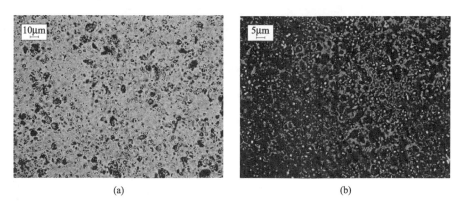

(a)   (b)

图 3-11   薄片下的海泡石显微图像

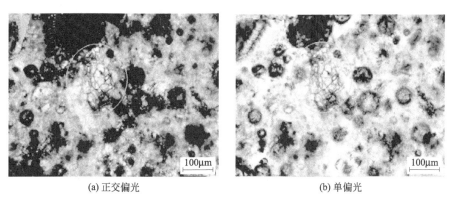

(a) 正交偏光   (b) 单偏光

图 3-12   透光镜下海泡石矿薄片中的石英（圆圈内）、海泡石（近无色及淡
黄色，多色性弱）、方解石（无色，正交镜下亮彩色）

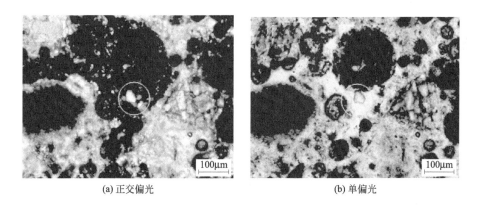

(a) 正交偏光   (b) 单偏光

图 3-13   透光镜下海泡石矿薄片中的方解石（圆圈内，因风化发育裂纹）、
铁质物（棕红色）、海泡石（近无色或淡黄色）

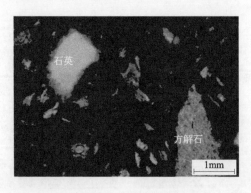

图 3-14　正交偏光镜下光片中的石英与方解石（反射光）

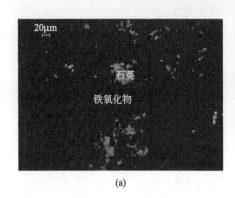

(a)　　　　　　　　　　　　　　　(b)

图 3-15　反射光下的光片

通过显微镜图片可知，常规试验条件下并不能有效观察到海泡石的微观结构，只能大致观察和预测到海泡石聚集体的形貌和分布情况，但是海泡石作为复合材料填料可以改变复合材料的形貌，同时结合其他的分析手段，可以间接推断出海泡石在复合材料中的分布与结合情况，见图 3-16（见文后彩插）。

图 3-16 为聚己内酯与其海泡石复合材料的显微镜图像，Marija S. Nikolic 分别用（3-巯基丙基）三甲氧基硅烷（SI）和十六烷基胺（HAD）对海泡石（Sep）进行了共价接枝和离子交换改性，分别得到了 SepSI 和 SepHAD。然后，用溶液浇筑法将 5％（质量分数）的改性海泡石掺入聚己内酯（PCL）中，得到 PCL-SepSI5 和 PCL-SepHDA5 复合材料。将材料置于光学显微镜下观察发现：PCL 以球晶的形式结晶，呈片层结构；随着填充物的加入，海泡石起到了成核效应，其形貌发生了变化，形成了数量更多的小球晶，球粒融合在一起，边界不再清晰；未改性的聚己内酯-海泡石复合材料（PCL-Sep）的球晶直径最小，而硅烷改性的聚己内酯-海泡石复合材料（PCL-SepSI）的球晶直径最大，而未改性的海泡石的成核效应最高。这是由于未改性的海泡石分散较差，海泡石微米级聚集物有

海泡石矿物材料：加工·分析·设计·应用

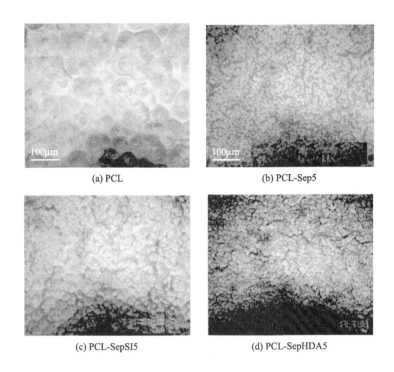

(a) PCL   (b) PCL-Sep5

(c) PCL-SepSI5   (d) PCL-SepHDA5

图 3-16 　复合材料显微镜图像

效地充当了成核剂。另一方面，改性海泡石（SepSI 和 SepHAD）在聚合物基体中分散性较好。由于球晶的边界不能被清楚地观察到，因此无法定量地证明所提效果，也不可能对两种不同的改性海泡石做出精确的区别。从另一方面而言，光学显微镜检测未发现较大尺寸（几十微米量级）的海泡石聚集体，侧面证明复合材料制备成功。

类似地，利用光学显微镜观察海泡石添加前后聚氨酯材料的形貌，见图 3-17（见文后彩插）。由于海泡石加入会起到聚氨酯非均相成核剂的作用，随着海泡石加入量的增加，聚氨酯结晶度先增强后减弱，而海泡石加入过量会破坏聚氨酯软段的连续性，因此，海泡石存在一个合理的添加范围。

3.4.4.2　粒度分析

粒度分析包括传统的筛分分析和现代化的激光粒度分析仪分析，扫描电子显微镜也可进行粒度观察。

筛分分析，是指确定松散状固体物料粒度组成的筛分工作，即用筛分的方法将物料按粒度分成若干级别的粒度的分析方法。这种方法实质上就是让已知质量的物料（试样）连续通过筛孔逐层减小的一套筛子，从而把物料分成不同的粒度

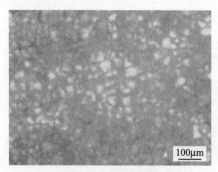
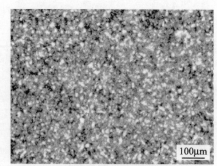

(a) 海泡石加入前的聚氨酯　　　　　　　　(b) 海泡石加入后的聚氨酯

图 3-17　海泡石加入前后聚氨酯材料的形貌

级别。筛析的目的，是求出各粒级物料的质量百分数，从而确定它们的粒度组成。某一粒级物料质量除以被筛物料总质量，即为该粒级物料的产率（或筛余）。累积筛余百分数，表示大于某一筛孔的物料占被筛物料总质量的百分数；累积筛下百分数，表示小于某一筛孔的物料占被筛物料总质量的百分数。

筛分作业包括干筛和湿筛两种，也可采用联合方式进行。当物料含水、含泥较少，对分析结果要求不严格时，可直接进行干筛；当物料黏结严重，对分析结果要求比较严格时，可采用湿筛或联合方式进行。

对湘潭海泡石原矿进行筛分分析，原矿的粒度组成如表 3-6 所示，可见海泡石原矿的粒度主要集中在 30μm 以下，含量为 66.59%。筛分所用原矿质量为 500g，方法为湿筛。

表 3-6　原矿筛分试验结果

粒度 d 范围/μm	产率/%
$d \geqslant 74$	14.47
$44 \leqslant d < 74$	6.14
$38 \leqslant d < 44$	4.21
$30 \leqslant d < 38$	8.59
$d < 30$	66.59
合计	100

激光粒度分析仪是根据光的散射原理测量粉颗粒大小，具有测量的动态范围宽、测量速度快、操作方便等优点，是一种比较通用的粒度仪。适用于固体粉末、乳液颗粒、雾滴粒度的测量。激光器发出的激光经滤波扩束处理并经傅里叶透镜照到样品窗，当样品窗中无颗粒时，激光会聚在探头中心，样品窗有颗粒，激光被散射，散射

光由探头检测并转换为电信号，由计算机根据散射信号计算颗粒分布，计算结果在液晶显示器显示或由微型打印机打印出来。探头一般是半圆环状的光电探测器阵列，每一个环为一个独立的探测单元，代表一个特定的空间频率区间，由此探测器就可以获得被测颗粒群的散射谱，根据散射谱就可以分析颗粒群的粒度分布。

对筛分获得的 500 目以下的矿物进行激光粒度分析，由图 3-18 中结果可知，海泡石在 $6\sim7\mu m$ 处出现峰值。

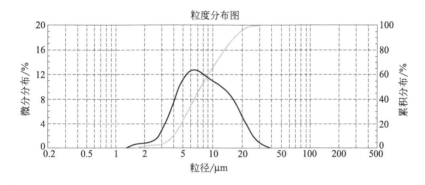

图 3-18　原矿 500 目以下物质激光粒度分析

3.4.4.3　扫描电子显微分析

扫描电子显微镜（scanning electron microscope，SEM）主要由电子光学系统、信号收集处理系统、真空系统、图像处理显示和记录系统、样品室、样品台、电源系统和计算机控制系统等组成。不同于透射电子显微镜，扫描电子显微镜电子枪发射的聚焦在试样上的高能电子束在一定范围内做栅状扫描运动，而且试样较厚，电子并不穿透试样，而是在试样表层产生高能反向散射电子、低能二次电子、吸收电子、可见荧光和 X 射线辐射。这些信号被相应的接收器接收并进一步放大，随后转化为显像管荧光屏上对应的特征图像。显微图像的放大倍数取决于入射电子束在试样表面上的扫描距离与阴极射线管内电子束扫描距离之比，最大可放大几十万倍，其分辨率小于 6nm。由于电子束的波长很短、透射的孔径极小，可以做深度的扫描，因此扫描电子显微镜所得到的表面显微图像具有明显的三维立体感及广阔的视场范围。除了二次电子信号之外，表面上产生的其他类型辐射都可以加以利用，以获得试样表面上更多的信息。

一般扫描电镜还配有能谱分析仪（EDS）用于进行微区成分分析，其信息源为特征 X 射线。特征 X 射线是指高能入射电子使原子内层电子激发而产生的射线。即内壳层电子被轰击后跃迁到能量更高的费米能级，电子轨道内出现的空位被外层轨道的电子填补，多余的能量以辐射的形式放出的就是特征 X 射线。特征

X射线对应元素固有的能量，因此，将X射线能量展开成能谱后，根据谱的能级就可以确定元素的种类，而且根据谱的强度分析就可以确定其含量。

相对于光学显微镜和透射电子显微镜，扫描电子显微镜有些极有价值的特点。首先，它的放大倍数范围较广，从几倍到几十万倍，相当于从光学放大镜到透射电镜的放大范围，并且分辨率可达1~3nm；其次，它焦深很大，是光学显微镜的300倍，对于复杂而粗糙的样品表面，仍可得到清晰聚焦、立体感强的图像；再次，样品制备简单，对于矿物、材料等样品仅需简单清洁、镀膜即可，并且对样品的尺寸要求很低，操作简单。

不同矿物在扫描电镜中会呈现出特征形貌，这是在扫描电镜中鉴定矿物的重要依据。接有X射线能谱仪的扫描电镜能直接观察到矿物变化过程中所发生的结构、形貌等微观现象的变化和所形成新矿物的特点，并且可以同时确定其化学元素组成及相对含量的变化，为研究矿物的变化提供了良好的途径。扫描电子显微镜在海泡石中的应用主要包括以下四点：

① 使用扫描电子显微镜可以初步比较出海泡石矿中海泡石的占比，如图3-19(a)、(b)，图中选取了不同品位的海泡石原矿，进行扫描电子显微镜观察，从图3-19中可以看出 (a) 图中纤维状物质较少，(b) 图中纤维状物质较多，可以推测出 (b) 的海泡石含量较高。

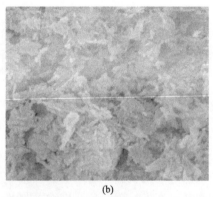

(a)　　　　　　　　　　　　　　　(b)

图 3-19　海泡石扫描电镜照片

② 使用扫描电子显微镜可以观察到海泡石原矿样品中各成分的形貌，如图3-20。从图3-20(a)、(b) 中可得海泡石原矿中所含的物质的形貌多样，有片状的、颗粒状的，矿物颗粒的粒径分布较广，从几微米到几十微米不等。从图3-20(c)、(d) 中可知颗粒的形貌各异，(c) 图中颗粒表面粗糙，且能看见明显的纤维，(d) 图中颗粒表面光滑。图3-20(e)、(f) 中矿物颗粒呈明显的片层结构，

且能看到表层嵌布有部分纤维矿物。图 3-20（g）中矿物含有大量的纤维状矿物，嵌布在片状矿物上。图 3-20（h）中矿物为纤维矿物聚集成的棒状结构。

图 3-20　海泡石扫描电镜照片

③ 使用扫描电子显微镜可以观察海泡石纤维的分散状态，见图 3-21，利用扫描电子显微镜观察可以发现，图 3-21（a）的海泡石呈聚集状态分布，图 3-21（b）的海泡石呈分散状态分布。

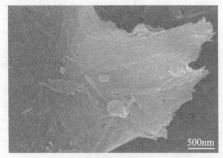

(a) 聚集状态

(b) 分散状态

图 3-21　不同状态的海泡石扫描电镜图

④ 使用扫描电子显微镜可以观察到海泡石纤维表面包覆、负载情况，见图 3-22。利用扫描电子显微镜观察可知，纯海泡石表面光滑，未负载任何颗粒 [图 3-22(a)]；而负载了 Bi_2O_3 后，海泡石表面变得粗糙 [图 3-22(b)]。

(a) 海泡石

(b) 海泡石负载 Bi_2O_3 后

图 3-22　负载 Bi_2O_3 前后海泡石扫描电镜图

图 3-23(a) 中，天然海泡石具有纤维状形态。负载相变材料石蜡 [图 3-23

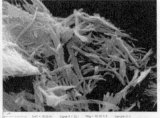

(a) 海泡石

(b) 石蜡/海泡石纳米复合物

(c) 癸酸/海泡石纳米复合物

图 3-23　不同海泡石复合材料扫描电镜图

海泡石矿物材料：加工·分析·设计·应用

（b）］和癸酸［图3-23(c)］后，天然海泡石与相变材料/海泡石纳米复合材料有明显的区别。扫描电子显微镜分析证明了海泡石相变复合材料的成功制备，并说明了海泡石纤维经过了相变材料的改性。

3.4.4.4 透射电子显微分析

透射电子显微镜（transmission electron microscope，TEM）是在高压加速电场下，将电子枪发射出来的高能电子，经过聚光镜，会聚为电子束并穿透样品，穿过样品不同部位的电子发生散射，再经物镜等电子透镜聚集放大，最后转化为荧光屏上的衬度不同的图像或者衍射信号。其主要由光学成像系统、真空系统以及电气系统三部分组成，主要对材料的内外形貌及晶体结构进行分析。

图3-24为不同温度煅烧处理的海泡石纤维的透射电镜照片。由图可知，经300℃煅烧处理后，纤维的表面仍然比较光滑，纤维形貌保持得比较完整。电子衍射图为较为清晰的同心圆，由此可知纤维为多晶结构，结合前文提到的XRD光谱可知此时纤维仍为海泡石相，其结构并未发生明显破坏。当煅烧温度达到

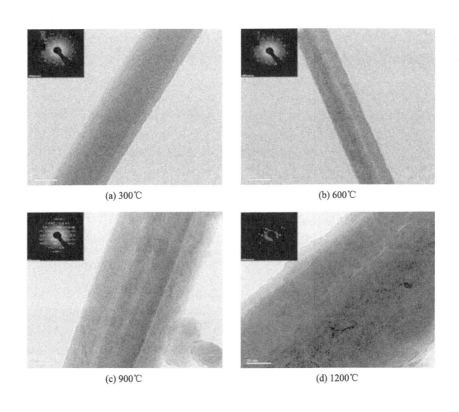

(a) 300℃　　　　　　　　　　　(b) 600℃

(c) 900℃　　　　　　　　　　　(d) 1200℃

图3-24　不同温度煅烧处理的海泡石纤维的透射电镜照片

600℃后，纤维的形貌相比于300℃时变化不大，但是纤维直径明显变细，结合XRD分析可知此时纤维的孔道结构发生坍塌折叠形成了滑石相，由于纤维结构的坍塌造成了纤维直径的变化。此时电子衍射仍为较为清晰的同心圆的多晶结构。当煅烧温度达到900℃后，纤维表面开始变得粗糙，出现类似裂纹的块状结构，且纤维直径开始变大，结合此时的XRD光谱可知，这是由于矿物成分发生重组开始生成新相。电子衍射变成更为清晰的同心圆，表明此时纤维为多晶结构且结晶度变得更高。当煅烧温度达到1200℃后，纤维表面开始变得更加粗糙，表面变为龟裂的块状结构，且纤维直径变得更大，此时纤维变为顽火辉石相。电子衍射显示出清晰的同心圆，这表明此时纤维内部的多晶结构中顽火辉石相组分变得更多。

海泡石经过一系列热处理后，随着温度的升高，其结构不断发生变化，如图3-25（见文后彩插）所示。海泡石在室温至150℃范围内主要是失去沸石吸附水，这时沿纤维方向孔道的截面积会进一步扩大，使得其比表面积进一步扩大，吸附能力进一步增强；当温度升高到150～400℃时，海泡石会进一步失去部分配位结晶水，此时海泡石的结构开始发生畸变，孔道开始坍塌折叠，使得其比表面积变小，部分变为折叠海泡石相；随着温度进一步升高到600℃后，海泡石中失去全部配位结晶水，结构的畸变、孔道的坍塌折叠进一步加重，进而形成海泡石酐。

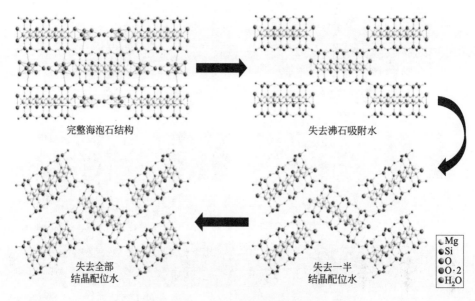

图3-25　热处理海泡石结构的演变

通过透射电子显微镜还可以详细观察到海泡石的形貌差异，见图3-26。经高

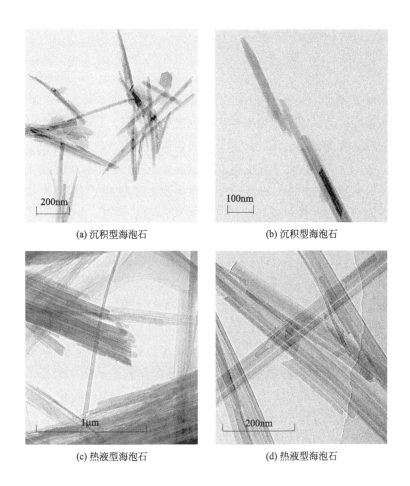

(a) 沉积型海泡石	(b) 沉积型海泡石
(c) 热液型海泡石	(d) 热液型海泡石

图 3-26　不同海泡石的透射电镜图

倍率 TEM 观察发现，两种海泡石的形貌差距较大，主要表现为纤维的长径比。
α 海泡石的纤维长度较长，约在 $1\sim10\mu m$ 之间，且长径比大，纤维之间多呈束状
集合体分布；β 海泡石的纤维长度较短，约在 $0.2\sim1\mu m$ 之间，且长径比小，呈
短粗状，也存在纤维成束的情况。

3.4.4.5　扫描探针显微分析

扫描探针显微镜（scanning probe microscope，SPM）是扫描隧道显微镜及
在扫描隧道显微镜的基础上发展起来的各种新型探针显微镜（原子力显微镜、静
电力显微镜、磁力显微镜、扫描离子电导显微镜、扫描电化学显微镜等）的统
称，是国际上近年发展起来的高科技表面分析仪器，主要通过检测"探针"与样
品表面间的隧道电流或原子间作用力变化，对"探针"在样品表面移动过程中的

运动轨迹进行监测，进而获得反应样品表面拓扑性质的反馈信号。其中在矿物领域最常用的扫描探针显微镜是原子力显微镜。

3.4.4.6　原子力显微镜分析

原子力显微镜（atomic force microscopy，AFM）的原理是：当原子间距离减小到一定程度以后，原子间的作用力将迅速上升，因此，由显微探针受力的大小就可以直接换算出样品表面的高度，从而获得样品表面形貌的信息。原子力显微镜主要包括探针系统、样品检测台和显微成像系统。其中探针系统是由弹性悬臂及激光反射面组成，当弹性悬臂游走于样品表面时，悬臂与样品间的作用力会使反射的激光发生路径偏移进而获得样品表面形貌的信息，所获信息（力信号、光信号等）经显微成像系统分析可得样品表面二维及三维图像。

图 3-27(a)、(b)（见文后彩插）为长度 $28\mu m$、宽度 $4\mu m$ 的纤维束的 AFM 图像。利用原子力显微镜图像，并结合 XEI 分析软件对轮廓线进行分析，将粗糙度参数值平均后计算得到单个海泡石纤维表面的形貌，图中红色和绿色直线分别表示海泡石纤维的轴向和径向，得到如图 3-27(b) 所示的曲线，经计算可得到平均粗糙度（R_a）、峰谷粗糙度（R_{p-v}）和均方根粗糙度（R_q）。通过对至少包含 5 条轮廓线的高精度轮廓测量进行平均，有效扣除了粗糙度误差。沿红线的 R_a、R_q 和 R_{p-v} 平均值经计算分别为（68±8）nm、（83±9）nm 和（293±9）nm，而沿绿线的粗糙度值经计算分别为（94±8）nm、（106±9）nm、（311±9）nm。

另外，利用 AFM 可以研究海泡石黏土矿物结构弛豫现象、吸附重金属离子和矿物改性处理前后表面形貌结构变化等。

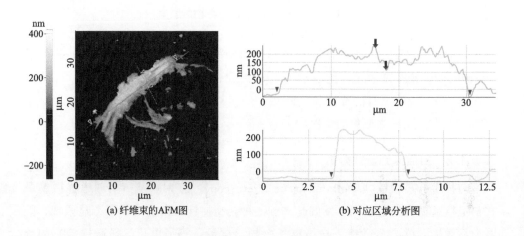

(a) 纤维束的AFM图　　　　(b) 对应区域分析图

图 3-27　纤维束的 AFM 图像

3.5

矿物特征分析

3.5.1 分子结构分析

电磁辐射是由同向振荡且互相垂直的电场与磁场在空间中以波的形式传递动量和能量，其传播方向垂直于电场与磁场构成的平面。电场与磁场的交互变化产生电磁波，电磁波向空中发射或传播形成电磁辐射。依照波长的长短、频率以及波源的不同，电磁波谱可大致分为：无线电波（1mm～1000m）、微波（1mm～1m）、红外光（$0.76\mu m$～1mm）、可见光（$0.38\mu m$～$0.76\mu m$）、紫外光（10nm～$0.38\mu m$）、X 射线（1pm～10nm）、γ 射线（0.1pm～1pm）和高能射线（<1pm）。而利用这些辐射可与材料发生相互作用，进而探究材料内部的分子结构。电磁辐射与材料的相互作用主要包括四类：吸收光谱、发射光谱、散射光谱和光电子光谱（见表3-7）。

表 3-7　电磁辐射与材料的相互作用

种类	定义			解释
吸收光谱	辐射通过物质时，某些频率的辐射被物质的粒子选择性地吸收，从而使辐射强度减弱			使物质粒子发生由低能级（一般为基态）向高能级（激发态）的能级跃迁
发射光谱	物质吸收能量后产生电磁辐射现象			物质从高能级向低能级跃迁，损失的能量以电磁辐射形式释放
光电子能谱	入射光子能量足够大时，使原子或分子产生电离的现象			
种类	定义	分类Ⅰ	分类Ⅱ	解释
散射光谱	电磁辐射与物质发生相互作用，部分偏离原入射方向而分散传播的现象	分子散射	瑞利散射	入射线光子与分子发生弹性碰撞，光子运动方向改变而无能量变化
			拉曼散射	入射线光子与分子发生非弹性碰撞，光子运动方向改变，能量也改变
		电子散射	相干散射	入射线光子与原子内层电子发生弹性碰撞，仅运动方向改变
			非相干散射	入射线光子与原子外层电子发生非弹性碰撞，运动方向改变且有能量损失

3.5.1.1 红外光谱分析

将波长连续的红外光透过物质分子，分子结构中的一些基团选择性地吸收特定波长的红外光，进而引起分子中振动能级和转动能级的跃迁，通过检测红外光被吸收的情况即可得到物质的红外吸收光谱，又称分子振动光谱或振转光谱。红外光谱仪主要由光源、干涉仪及检测器组成。其中，连续、高强度的红外光由碳化硅或涂有稀土化合物的镍铬旋状灯丝发出；干涉仪的作用是将复色光变为干涉光；检测器则将接收的红外光信号进一步转化为便于量化的电信号，常用的检测器材料包括热电材料（如钽酸锂）及光电材料（如锑化铟）。红外光谱是用于分子结构和化学组成分析的物理方法。

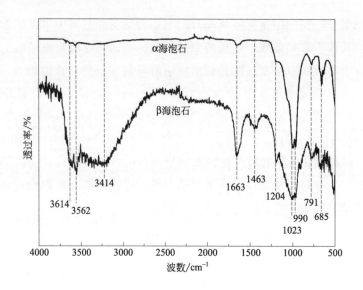

图 3-28　两种海泡石的红外光谱

两种海泡石的红外光谱如图 3-28。由图 3-28 可知，海泡石的红外吸收光谱可分为高频区（>3000cm^{-2}）、中频区（1600~1700cm^{-2}）和中低频区（600~1300cm^{-2}）。对于高频区，主要是海泡石表面羟基和结晶水的伸缩振动区，其中，3614cm^{-2} 处的峰为 Mg—OH 或 Al—OH 的伸缩振动吸收峰；3562cm^{-2} 处的峰归因于海泡石位于通道内受到 Mg^{2+} 束缚，参与 Mg—O 八面体的配位水（OH_2）的伸缩振动；出现在 3414cm^{-2} 处的峰则是由孔道内沸石水（H_2O）的伸缩振动造成的。对于中低频区，1663cm^{-2} 处的吸收峰主要是由海泡石的配位水（OH_2）弯曲振动形成的。对于低频区，则为内部水的弯曲振动和 Si—O 四面体中 Si—O 键的伸缩振动区。1204cm^{-2} 处的吸收峰代表着 Si—O 四面体片中 Si—O 键的非对称伸缩振动；1000cm^{-2} 左右处的吸收峰分裂为 1023cm^{-2} 和 990cm^{-2}，分别表示 Si—O 键的平面外非对称伸缩振动和平面内非对称伸缩振动；791cm^{-2} 处的吸收峰归因于 Si—O—Si 键的对称伸缩振动；685cm^{-2} 处的吸收峰则代表了 Si—O 键的弯曲振动；523cm^{-2} 处的吸收峰则是 Si—O—Si 的弯曲振动峰或 Mg—O 的伸缩振动峰。此外，在 $1463cm^{-2}$ 处还出现了有机物的—CH_3 或—CH_2—的弯曲振动峰，说明样品中存在有机杂质。

3.5.1.2 核磁共振波谱分析

核磁共振波谱（nuclear magnetic resonance spectroscopy，NMR）是用波长在射频区（$10^6 \sim 10^9 \mu m$）、频率为兆赫数量级、能量很低（$10^{-9} \sim 10^{-6}eV$）的电磁波照射分子，这种电磁波不会引起分子振动或转动能级跃迁，更不会引起电子能级的跃迁，但是却能与磁性原子核相互作用。磁性原子核的能量在强磁场的作用下可以分裂为两个或以上的能级，吸收射频辐射后会发生磁能级跃迁，称为核磁共振波谱。核磁共振波谱主要用于测定分子中某些原子的数目、类型和相对位置。按工作方式的不同，核磁共振波谱仪可划分为连续波核磁共振谱仪（射频波按频率大小有顺序地连续照射样品）和脉冲傅里叶变换谱仪（射频波以窄脉冲方式照射样品）两类。常见的连续波核磁共振谱仪主要由磁场、探头、射频发射单元、扫描单元、检测单元、数据处理及控制系统组成。

Valentin 报道了海泡石的第一个 ^{29}Si CP-MAS 核磁共振谱，其中包括出现在化学位移 -92.7、-94.3 和 -90.2 处的 3 个分辨良好的共振信号，在化学位移 -85 处也出现了一个较为微弱的共振信号。

Aramendia 用 Bruker ACP-400 质谱仪在 79.49MHz 和 400.13MHz 下测定了四种海泡石的 ^{29}Si 和 ^1H 谱图，其中两种为 Pangel 和 Pansil 天然海泡石样，另外两种浓度为 2mol/L（弱酸）和 4mol/L（强酸）硫酸处理后的海泡石，借助 NMR 可以有效识别海泡石的结构和表面变化。结果表明：海泡石有四种不同类型的 Si 位点，三种位于构造块的中心、靠近或者在其中心边缘。在 393K 的温度下加热这些样品，会导致结晶水和沸石水的去除，从而导致 ^{29}Si 光谱的变化。镁从海泡石中部分浸出使海泡石形成了纤维状无定形二氧化硅。4mol/L 浓 H_2SO_4 处理后导致 Mg 完全浸出，破坏了海泡石的微观结构。此外，海泡石经 773K 高温煅烧后会造成不可逆的折叠结构，并导致五种不同类型的 Si 原子的出现以及 Si—O—Si 和 Si—O—Mg 的衰减；^1H 谱则包含了海泡石结构中的结晶水、沸石水和 Mg—OH 中的 H 原子。

以 3mol/L 酸预处理海泡石为原料，制备了具有开放纳米通道的无水稳定结构。与海泡石相比，酸处理海泡石在 550℃ 时仍具有开放孔隙结构，而且，这种结构允许样品在大气条件下再水化，这使得将适当大小的分子插入海泡石通道成为可能，通过 X 射线衍射和 ^{29}Si NMR 对其结构进行了表征，并绘制的机理图如图 3-29。

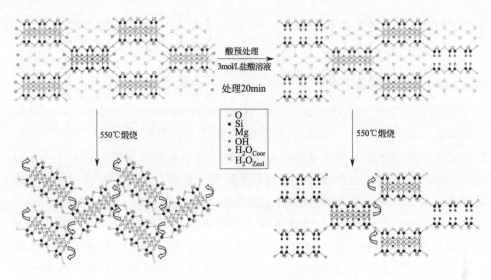

图 3-29　海泡石 ^{29}Si NMR 机理图

3.5.1.3　阴极荧光光谱分析

阴极荧光光谱（cathodoluminescence spectroscopy，CL）是指利用电子束激发半导体，将价带电子激发到导带并在价带留下空穴，而后由于导带能量高不稳定，被激发电子又重新跃迁回价带与空穴复合，并释放出能量 $E \leqslant E_g$（能隙）的特征荧光谱。CL 常作为扫描电子显微镜的附件，可以在扫描电子显微镜测试样品表面形貌的同时，进行 CL 测试，得到样品的杂质、缺陷等信息。

海泡石由于不导电，在高能电子作用下，只发射出可见光信号，这种信号叫作阴极荧光。这归因于海泡石的价电子在激发态与基态之间能级跃迁时会直接释放波长较长、能量较低的波，其能量在几至几十个电子伏特，波长落在可见光范围内。阴极荧光光谱取决于发光物质（包括主体物质和杂质）的价电子能级分布。因此，它可以用来测定一些矿物的阴极荧光特点，是一种矿物鉴定方法。

海泡石的 CL 分析如图 3-30 所示，在 UV-IR 区域（200～1000nm），显示出了三个窄峰（330nm、400nm、440nm 处）和两个宽峰（520nm、770nm 处）。其中，330nm 处的峰归因于海泡石三维骨架硅氧结构（Si—O）中的晶格应力；400nm 处的峰归因于 $[AlO_4]^-$，海泡石样品中含 0.65% 的

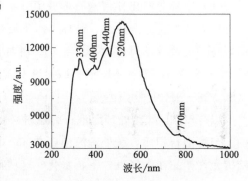

图 3-30　海泡石的 CL 分析

铝元素；440nm 波段与辐射诱导的缺陷有关；在 520nm 处出现的峰可以归因于 Mn^{2+}（XRF 测得值为 0.02%），Mg^{2+} 在海泡石晶格中以晶格取代的形式存在；770nm 处的峰归因于海泡石中铁单质的存在（XRF 测得 Fe 单质含量为 0.26%）。在辐照状态下，部分三价铁还原为二价铁，硅原子可以和铁原子发生取代反应。

3.5.1.4 分子模拟

分子模拟是利用计算机辅助试验技术，构建原子水平的分子模型进而模拟分子结构与行为、材料的物理及化学各类性质的一种新兴分析手段。分子模拟可以建立分子结构与分子行为合理的预测模型，进而研究分子体系的静态结构或动力学行为。根据模拟的理论不同及适用场景的不同，分子模拟技术可进一步细分为量子力学分子模拟、分子动力学理论、分子力学理论以及蒙特卡罗法等。分子力学方法是一种基于经典力学的模拟计算方法，它最初是在 1970 年提出的，主要基于波恩-奥本海默提出的近似原理。分子动力学理论模拟分子系统的运动主要是依靠经典力学，随机抽样，通过计算体系的构型积分，来计算整个模拟过程的热力学量等宏观性质。量子力学是一种研究多电子体系的电子结构量子方法，它主要是用电子浓度代替波函数作为研究的基本量。蒙特卡罗法是依靠分子间的相互作用力、统计学收集数据，模拟系统中固体和流体间的相互作用过程，从而得到达到平衡时的各种相关模拟数据。

分子模拟技术可以预测物质的性质或通过微观结构（如黏土插层、分子片段置换）来优化性质。Benli 等利用分子动力学理论模拟海泡石矿物表面水分子与海泡石矿物表面的相互作用，通过计算分析，了解海泡石界面水结构和水分子在海泡石基底表面的形态。Zhou 等采用巨正则蒙特卡罗方法和分子动力学方法进行了分子模拟，获得了海泡石隧道承压水的吸水等温线、密度分布曲线和动态信息。周鹏研究了不同吸附温度、吸附时间和吸附浓度对海泡石动态吸附甲醛性能的影响，拟合、计算改性海泡石吸附甲醛的吸附等温线、吸附热力学和吸附动力学，模拟海泡石吸附甲醛气体的吸附等温线和吸附位点，分析海泡石吸附甲醛的机理。Karataş 等揭示了金纳米颗粒在海泡石表面的沉积行为和主要键合机制。Francesco 等研究了二氧化碳分子在不同碱性阳离子存在下进入海泡石通道的能力。

3.5.2 热稳定性分析

热分析是指用热力学参数或物理参数随温度变化的关系进行分析的方法。热分析是测量在程序控制温度下，物质的物理性质与温度依赖关系的一类技术。目前，最常用的热分析方法有：差热分析法（DTA）、热重法（TG）和差示扫描量热法（DSC）。

差热分析仪是通过加热过程中材料的吸热和放热的行为以及材料的质量变化来研究材料加热时所发生的物理化学变化过程。差热分析是利用差热电偶来对热中性体与被测试样在加热过程中的温差进行分析。将差热电偶的两个热端分别插在热中性体和被测试样中，在均匀加热过程中，若试样不发生物理化学变化，没有热效应产生，则试样与热中性体之间无温差，差热电偶两端的热电势互相抵消；若试样发生了物理化学变化，有热效应产生，试样与热中性体之间就会有温差产生，差热电偶就会产生温差电势。将测得的试样与热中性体间的温差对时间（或温度）作图，就得到差热（DTA）曲线。

热重分析仪是材料物理热分析仪器中的一种常规仪器，它是在专门的控温程序作用下，同时定量测试物质的质量和温度的变化，再经专用软件得出曲线，并通过计算机对曲线进行分析，从而判断样品可能发生的各种物理化学变化。热重分析所用的仪器是热天平，它的基本原理是，样品质量变化所引起的天平位移量可转化为电量变化，此时电量的大小正比于样品的质量变化量，微小的电量变化经过放大器放大后，送入记录仪记录，从而得到样品质量的变化。当被测物质在加热过程中发生升华、汽化、分解出气体或失去结晶水等物理化学过程时，被测物的质量就会逐渐降低。通过分析热重曲线，就可以知道被测物质在多少摄氏度时产生变化，并计算出对应阶段的质量损失。

两种海泡石的热重-差示扫描量热法（TG-DSC）分析图如图 3-31，热分解温度及失重率见表 3-8。

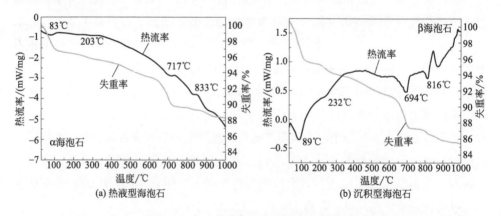

(a) 热液型海泡石　　　　　　　(b) 沉积型海泡石

图 3-31　两种海泡石的 TG-DSC 分析图

结合图 3-31 和表 3-8 可知，海泡石在热分解时主要经历了四个过程，可用化学反应式(3-5)~式(3-8)表示，由式可知：在 25~150℃ 范围内，主要为海泡石吸附水（位于通道中的沸石水）的脱除；在 300~350℃ 范围内，主要为海泡石晶体中结晶水的脱除；在 480~585℃ 范围内，主要为海泡石配位水的脱除；在

600～822℃范围内，主要为海泡石脱羟基作用。再对比失重率情况发现，β海泡石的失重率高于α海泡石，总体而言，两种海泡石的热稳定性能较好。在不同温度下海泡石的化学变化见式(3-5)～式(3-8)。

$$Mg_8Si_{12}O_{30}(OH)_4(H_2O)_4 \cdot 8H_2O \xrightarrow{25～150℃} Mg_8Si_{12}O_{30}(OH)_4(H_2O)_4 + 8H_2O$$

$$(3-5)$$

$$Mg_8Si_{12}O_{30}(OH)_4(H_2O)_4 \xrightarrow{300～350℃} Mg_8Si_{12}O_{30}(OH)_4(H_2O)_2 + 2H_2O$$

$$(3-6)$$

$$Mg_8Si_{12}O_{30}(OH)_4(H_2O)_2 \xrightarrow{480～585℃} Mg_8Si_{12}O_{30}(OH)_4 + 2H_2O \quad (3-7)$$

$$Mg_8Si_{12}O_{30}(OH)_4 \xrightarrow{600～822℃} 8MgSiO_3 + 4SiO_2 + 2H_2O \quad (3-8)$$

表 3-8　海泡石的热分解温度及失重率

热分解过程	失水类型	α 海泡石		β 海泡石	
		温度/℃	失重率/%	温度/℃	失重率/%
脱沸石水	吸附水	25～115	3.2	25～175	5.1
	结晶水	115～350	1.1	175～360	1.8
脱结构水	配位水	350～645	2.4	360～600	2.3
	羟基水	645～1000	4.0	600～1000	5.0

3.5.3　孔结构分析

材料的孔径分布及比表面积可以通过氮气等温吸脱附曲线测试获得。主要是根据在一定压力和低温条件下被测多孔样品表面对气体分子的可逆物理吸附作用，测定此时气体分子的平衡吸附量，记录等温吸脱附曲线。再结合不同的气体吸附模型［如 Brunauer-Emmett-Teller (BET) 多分子层吸附公式］和微介孔径模型［如 Barrett-Joiner-Halenda (BJH) 介孔模型］进而得到材料的比表面积和孔径结构。测定样品氮气等温吸脱附曲线的设备称为全自动比表面及孔隙度分析仪，样品在脱气站经高温脱气排除内部杂质气体分子后，与装有一系列精密高压气泵的氮气吸脱附系统连接，将吸附信息经传感器转换后发送到计算机系统记录分析。

海泡石的吸脱附等温线如图 3-32，两种海泡石的 BJH 孔径分布如图 3-33。由图 3-32 可知，两种海泡石的 N_2 吸脱附等温线均呈Ⅳ型（IUPAC 分类），并包含非常小的 H3 型回滞曲线，证实了两种海泡石中均有管状孔的存在。在低压区，两种海泡石均表现出较大的吸附量，对应了微孔结构。吸脱附回滞环延伸至相对压力（p/p_0）=1处，表明了大孔结构的存在。相对压力在 0～0.05 范围内出现第一个拐点，表示 0 至这一拐点值范围内先形成了气体单分子层吸附；从该拐点起至出现回滞环止（p/p_0=0.5 附近），这一范围内开始了气体多层吸附；从回滞环开始为起点，至回滞环结束为终点，这一范围内发生了毛细凝聚现象，从回滞环的起点开始最小毛细孔开始凝聚，到回滞环的终点表示结构中的大孔被凝聚液充满。

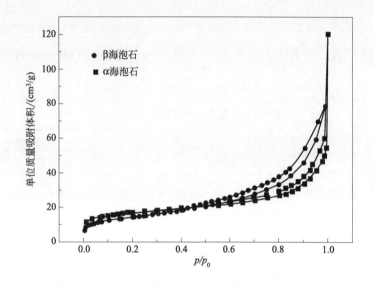

图 3-32　海泡石的 N_2 吸脱附等温线

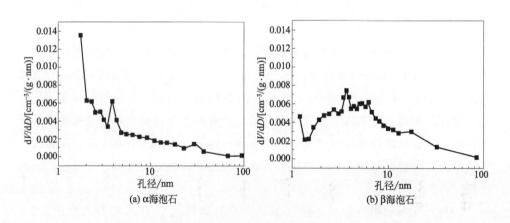

图 3-33　海泡石 BJH 孔径分布图

由图 3-33 可知，α 和 β 海泡石的孔径主要分布于 2～50nm 之间，并有少部分孔径大于 50nm，表明两种海泡石中富含小孔、介孔和部分大孔。α 海泡石的孔径分布较 β 海泡石单一，这可能是因为 α 海泡石的孔结构较为单一，晶型较好，且 α 海泡石的纯度较高，风化程度低于 β 海泡石。

两种海泡石的平均孔径、总孔体积和比表面积详见表 3-9。由表 3-9 可知，α 海泡石的平均孔径、总孔体积和比表面积均大于 β 海泡石。海泡石的孔分布机理图如图 3-34。由图 3-34 可知，海泡石晶体内部存在微孔，纤维间存在微孔和介孔，纤维束间存在大孔，不同孔呈分层分布。这可以归因于海泡石特殊的晶体结构、纤维及纤维束聚合情况。

表 3-9   不同海泡石的平均孔径、总孔体积和比表面积

样品	平均孔径/nm	总孔体积/(cm^3/g)	比表面积/(m^2/g)
α 海泡石	18.50	0.19	56.49
β 海泡石	9.46	0.12	51.58

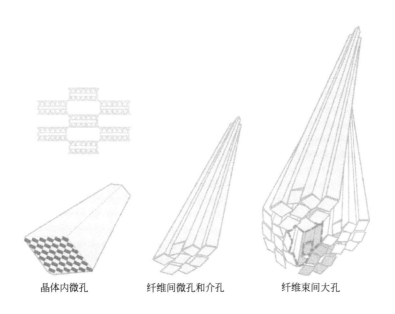

晶体内微孔　　　　　纤维间微孔和介孔　　　　　纤维束间大孔

图 3-34　海泡石的孔分布机理图

3.5.4　阳离子交换能力分析

海泡石阳离子交换量（CEC）是指海泡石所能吸附各种阳离子的总量。其数值以单位质量（kg）海泡石中含有各种阳离子的物质的量（mol）来表示，单位为 mol/kg。测量海泡石的阳离子交换量可用中性乙酸铵法或乙酸钠法。阳离子交换量的大小，基本上代表了海泡石作为土壤组分可能保持的养分数量，即保肥性的高低，因此，可以作为评价土壤保肥能力的指标。阳离子交换量是土壤缓冲性能的主要来源，是改良土壤和合理施肥的重要依据，阳离子交换性能对于污染物的环境行为研究也有重大意义。

3.5.5 流变学分析

流变学指从应力、应变、温度和时间等方面来研究物质变形和（或）流动的物理力学。流变特性是物体在外力作用下发生的应变与其应力之间的定量关系。这种应变（流动或变形）与物体的性质和内部结构有关，也与物体内部质点之间的相对运动状态有关。

天然状态下，海泡石是以针状结构纳米纤维集结成束的聚集状态存在，因此海泡石可以分散在水和其他极性溶剂中，并在溶液中形成随机、交叉的纤维网络，这就使得海泡石分散体系存在黏度的调控。在控制浓度、pH 值的情况下，海泡石悬浮液体现了不同的流变性质，这种性质可用于不同悬浮液的制备和浓缩工艺。此外，这种流变性还与矿物的化学惰性相关。调控海泡石的流变性可制备功能性质多样的悬浮液体系，如沉降防止剂、分散助剂、增稠器浆液中粉体分离防止剂、钻井用泥水分散剂、釉药沉降防止剂等。

罗璇等利用高级流变扩散系统仪对海泡石/超高分子量聚乙烯/线性低密度聚乙烯复合材料的流变学行为进行了研究，结果表明，改性后的海泡石表现出不同的流变性，其中用 KH-550 改性效果较好。研究还发现，超高分子量聚乙烯颗粒在不同的温度下具有不同的形态，随着混炼温度的提高，复合体系的熔体黏弹性参数也会随之发生改变。

海泡石由于具有热稳定性、抗盐性、抗钙性和一定的抗冲刷能力，因此可作为钻井液添加料使用。海泡石是水基钻井液中的重要流变控制剂，在水基钻井液中流变性能突出。由于海泡石在高温下稳定，因此，它还被用于高温钻井的水基钻井液体系中。相比膨润土或坡缕石基钻井液，在高温、高盐度条件下的海泡石基钻井液的流动性和滤失量性能更优。试验结果表明，海泡石基钻井液可以抵抗高达 204℃的高温。

庄官政研究了有机改性海泡石的结构及其对油基钻井液体系的流变性和热稳定性的影响规律，阐明了有机海泡石在油基体系中的流变原理及其控制机制。结果表明：改性剂的极性越低，有机海泡石的分散性越好；适度高温有利于有机海泡石的分散，有助于体系流动性的提升。

3.5.6 吸附性分析

海泡石的比表面积约为 $700m^2/g$，其中，外比表面积约为 $300m^2/g$，内比表面积约为 $400m^2/g$，远高于多数天然物质，因此，海泡石具有较强的吸附能力。海泡石对水和醇有很好的吸附性，吸水能力是自身质量的 $100\%\sim200\%$，但当加热超过 300℃时，这种吸附能力将显著降低。此外，海泡石还具有弱碱性，利用它能与酸发生缓慢中和反应这一特性，可用于除去溶液中腐败的有机酸和脱氧剂。

海泡石还具有极强的吸油能力，粉末海泡石吸油量为 $(279\sim350)mL/100g$，粒状海泡石的吸油率达到 64% 以上，可开发赋形剂、香烟过滤嘴等。海泡石还是一种优良的土壤改良剂，能对土壤中的重金属离子进行吸附，可用于重金属污染土壤的固化修复。

海泡石的吸附性能还可应用于矿物脱色。海泡石经活化处理后，对有机色素具有吸附作用，可用于葡萄酒和啤酒的漂白、矿物油的吸附和脱色及砂糖的脱色精制和再生等。研究表明，经酸化后，海泡石结构中的金属离子发生溶解，结构中的孔道和层间距增加，进而提升了其脱色性能。

以湖南永和海泡石为例，其脱色吸附性试验结果如表 3-10。

表 3-10　永和海泡石对油的脱色情况

油品及色号	海泡石类型	原岩型	黏土型
毛菜油,7.5～8	添加量/%	10	10
	添加后色号	1.5～2.8	2～2.3
毛康油,7.5	添加量/%	10	10
	添加后色号	4～4.5	4～4.2

张琦等分别用不同方法处理海泡石，并对其氨氮的吸附性能进行了探讨。结果表明双氧水氧化前后海泡石对氨氮的吸附量无明显变化，而水热处理的海泡石的吸附量有明显增加，硝酸活化的海泡石吸附效果虽然不如盐酸活化的海泡石，但是将酸化后的海泡石用氯化钠改性后，在碱性条件下吸附效果有明显的提高。

3.5.7 悬浮液稳定性分析

测试海泡石悬浮液稳定性的方法包括溢流透光度法、沉降高度法和体积法等。

(1) 溢流透光度法

取 1g 矿样放入烧杯，加入 99mL 水，经超声波搅拌分散使其悬浮，再用离心机离心 5min，离心分离因数分别为 0、20、60、100、140、180、220、260、300，最后对溢流进行透光度测量，其中测量透光度所用光波长为 510nm。

(2) 沉降高度法

取不同试验条件获得的浆料 500mL，置于相同规格的等体积量筒中，在稳定环境条件下保持静置，一定时间后海泡石矿浆会沉降并出现分层。根据相对沉降高度（RSH）可检测浆料分散稳定性好坏。计算见式(3-9)：

$$\text{RSH} = \frac{H_1}{H} \times 100\%$$ (3-9)

式中，H 为浆料总高度；H_1 为浆料中沉降分层处的高度。RSH 越高，矿浆分散稳定性越高。

(3) 体积法

原理和沉降高度法相似。可通过 N 小时悬浮率衡量稳定性的好坏，具体计算公式见式(3-10)：

$$N \text{ 小时悬浮率} = \frac{(100-V)}{100} \times 100\%$$ (3-10)

式中，V 为上层澄清液的体积。

3.5.8 耐腐蚀性分析

在室温下，海泡石通常在 pH 值为 4~10 的介质中非常稳定，除强酸、强碱外，一般的化学试剂对海泡石没有明显的浸蚀作用。海泡石的耐腐蚀性能见表 3-11，具体的试验步骤如下：取含有海泡石 81.5% 的样品 1g 与 25mL 试液加热回流 1h，冷却后再用 75mL 水稀释，过滤洗涤后在 600℃ 下灼烧 1h，再对样品称重，用纯水作空白组，用所得剩余样品质量之差即可计算出蚀损率。其中氯化钙与海泡石发生了离子交换，因此质量增加。

表 3-11 海泡石的耐腐蚀性能

作用物名称	硫酸	氢氧化钠	重铬酸钾	硫代硫酸钠	氯化钙	碳酸钠
浓度/(mol/L)	18	25%	0.5	1.0	2.0	1.0
蚀损率/%	−22.9	−10.2	−1.71	−0.44	+0.18	−1.39

3.5.9 催化性及载体性分析

海泡石能够作为一种优质催化剂，主要是因为它具有纤维形貌、高比表面积、丰富的通道结构、可作为路易斯酸/碱中心、力学性能和抗酸碱性能稳定等优点。此外，海泡石还可以通过纤维和烧结成型的形式用作催化剂载体。

海泡石用作催化剂载体的优势主要体现在：①防止催化剂流失且便于回收；②增加催化剂的比表面积和提高催化剂的分散性能，进而提高利用率和催化反应速率；③便于制成各种形状。

参考文献

[1] 王富耻. 材料现代分析测试方法 [M]. 北京：北京理工大学出版社，2006.

[2] 董国军. 湘潭石潭海泡石黏土矿床特征及找矿方向 [J]. 湖南地质，2001，20 (4)：259-262.

[3] Dikmen S，Yilmaz G，Yorukogullari E. Zeta potential study of natural-and acid-activated sepiolites in electrolyte solutions [J]. Canadian Journal of Chemical Engineering，2012，90 (3)：785-792.

[4] 高理福，周时光. 西部低品位海泡石矿品位的快速定量分析方法的研究 [J]. 非金属矿，2009，32 (1)：22-24.

[5] 迟广成，张泉，赵爱林，等. X射线粉晶衍射仪定量测量海泡石矿样的实验条件 [J]. 岩矿测试，2012，31 (2)：282-286.

[6] 魏均启，王芳，鲁力，等. 湖南湘潭毛塘海泡石矿物特征及定量分析研究 [J]. 资源环境与工程，2014，28 (5)：737-742.

[7] 翁慧英，张泽邦. 海泡石化学物相定量分析 [J]. 岩矿测试，1988 (1)：49-53.

[8] 周学忠，谢华林. 微波等离子体原子发射光谱法测定偏远矿区海泡石中的主微量元素 [J]. 岩矿测试，2021，5：680-687.

[9] Correcher V，Rodriguez-Lazcano Y，Gomesdarocha R，et al. Effect of the irradiation dose on the luminescence emission of a Mg-rich phyllosilicate [J]. Journal of Radioanalytical and Nuclear Chemistry，2016，307 (2)：1287-1293.

[10] 魏双，王家松，徐铁民，等. 海泡石化学成分分析标准物质研制 [J]. 岩矿测试，2021.40 (5)：11.

[11] Liu H C，Chen W，Liu C. Magnetic mesoporous clay adsorbent：Preparation，characterization and adsorption capacity for atrazine [J]. Microporous and Mesoporous Materials，2014，194：72-78.

[12] 姜玲燕. 铜基与铁基钛柱撑海泡石催化性能的研究 [D]. 北京：北京工业大学，2007.

[13] Frédéric P，Magnin A，Piau J M，et al. Structure and orientation dynamics of sepiolite fibers-poly (ethylene oxide) aqueous suspensions under extensional and shear flow，probed by in situ SAXS [J]. Rheologica Acta，2009，48 (5)：563-578.

[14] Roberto G, Davide L, Olivia W, et al. Crystal structure refinement of a sepiolite/indigo Maya Blue pigment using molecular modelling and synchrotron diffraction [J]. European Journal of Mineralogy, 2011, 23 (3): 449-466.

[15] 冉松松. 海泡石纳米纤维强韧化陶瓷的机制研究 [D]. 天津: 河北工业大学.

[16] 曹明中, 王福元, 汪根时, 等. 金属氢化物 $LaNi_{4.5}Mn_{0.5}H_x$ 的热中子非弹性散射谱 [J]. 物理学报, 1985 (5): 119-123.

[17] 李竹起. 热中子非弹性散射及其在材料科学中的应用 [J]. 中国核科技报告, 1987: 258-280.

[18] Ockwig N W, Greathouse J A, Durkin J S, et al. Nanoconfined water in magnesium-rich 2:1 phyllosilicates. [J]. Journal of the American Chemical Society, 2009, 131 (23): 8155-8162.

[19] Benli B, Du H, Sabri C M. The anisotropic characteristics of natural fibrous sepiolite as revealed by contact angle, surface free energy, AFM and molecular dynamics simulation [J]. Colloids and Surfaces A: Physicochemical and Engineering Aspects, 2012, 408: 22-31.

[20] Helmy A K, de Bussetti S G. The surface properties of sepiolite [J]. Applied Surface Science, 2008, 255 (5p2): 2920-2924.

[21] 刘云, 毛妍彦, 唐宵宵, 等. Ag/AgCl/铁-海泡石异相可见光 Fenton 催化降解双酚 A [J]. 催化学报, 2017: 1726-1735.

[22] Dikmen S, Yilmaz G, Yorukogullari E. Zeta potential study of natural-and acid-activated sepiolites in electrolyte solutions [J]. Canadian Journal of Chemical Engineering, 2012, 90 (3): 785-792.

[23] 刘开平, 宫华, 周敬恩. 海泡石表面电性研究 [J]. 矿产综合利用, 2004 (5): 15-21.

[24] 袁继祖, 袁楚雄, 夏蕙芳. 海泡石滑石的电动电位与分散特性 [J]. 化工矿物与加工, 1988 (6): 25-28, 58.

[25] Nikolic M S, Petrovic R, Veljovic D, et al. Effect of sepiolite organomodification on the performance of PCL/sepiolite nanocomposites [J]. European Polymer Journal, 2017, 97: 198-209.

[26] Yu G H, Chen H X. Influence of sepiolite on crystallinity of soft segments and shape memory properties of polyurethane nanocomposites [J]. Polymer Composites, 2016, 39 (5): 1674-1681.

[27] 徐伟, 陈寿衍, 田言, 等. SEM 在矿物学领域中的应用进展 [J]. 广州化工, 2014, 42 (23): 3.

[28] 赵正保, 项光亚. 有机化学 [M]. 北京: 中国医药科技出版社, 2016. 01.

[29] Alkan M, Tekin G, Namli H. FTIR and zeta potential measurements of sepiolite treated with some organosilanes [J]. Microporous & Mesoporous Materials, 2005, 84 (1-3): 75-83.

[30] 宋功保, 彭同江, 董发勤. 海泡石的红外光谱研究 [J]. 矿物学报, 1998, 18 (4): 525-532.

[31] Valentin J L, Lopez-Manchado M A, Rodriguez A, et al. Novel anhydrous unfolded structure by heating of acid pre-treated sepiolite [J]. Applied Clay Science, 2007, 36 (4): 245-255.

[32] Aramendia M A, Borau V, Jiménez C, et al. Characterization of Spanish sepiolites by high-resolution solid-state NMR [J]. Solid State Nuclear Magnetic Resonance, 1997, 8 (4): 251.

[33] 陈敬中. 地质学中的电子显微分析 [M]. 武汉: 武汉地质学院测试中心, 1985.

[34] Zhou J H, Lu X C, Boek E S. Confined water in tunnel nanopores of sepiolite: Insights from molecular simulations [J]. American Mineralogist, 2016, 101 (3): 713-718.

[35] 周鹏. 改性海泡石制备及其对甲醛的吸附行为研究 [D]. 武汉: 武汉理工大学, 2019.

[36] Karataş D, Arslan D S, Unver I K, et al. Coating mechanism of AuNPs onto sepiolite by experimen-

tal research and MD simulation [J]. Coatings, 2019, 9 (12): 785.

[37] Tavanti F, Muniz-Miranda F, Pedone A. The effect of alkaline cations on the intercalation of carbon dioxide in sepiolite minerals: A molecular dynamics investigation [J]. Frontiers in Materials, 2018, 5: 1-9.

[38] Özcan A S, Gök Ö. Structural characterization of dodecyltrimethylammonium (DTMA) bromide modified sepiolite and its adsorption isotherm studies [J]. Journal of Molecular Structure, 2012, 1007: 36-44.

[39] Frost R L, Kristóf J, Horváth E. Controlled rate thermal analysis of sepiolite [J]. Journal of Thermal Analysis and Calorimetry, 2009, 98 (3): 749-755.

[40] Suarez M, García-Romero E. Variability of the surface properties of sepiolite [J]. Applied Clay Science, 2012, 67-68: 72-82.

[41] Rayon E, Arrieta M P, Pasíes T, et al. Enhancing the mechanical features of clay surfaces by the absorption of nano-SiO_2 particles in aqueous media. Case of study on Bronze Age clay objects [J]. Cement & Concrete Composites, 2018, 93: 107-117.

[42] Chanda D K, Chowdhury S R, Bhattacharya M, et al. Intelligently designed fly-ash based hybrid composites with very high hardness and Young's modulus [J]. Construction and Building Materials, 2018, 158: 516-534.

[43] 罗璇, 胡瑾, 敬波, 等. 海泡石/UHMWPE/LLDPE复合材料动态流变学行为研究 [J]. 塑料工业, 2012, 40 (4): 82-85, 114.

[44] Altun G, Ettehadi A, Ozyurtkan M H. Customization of sepiolite based drilling fluids at high temperatures. 2014.

[45] 庄官政. 油基钻井液用有机黏土的制备、结构和性能研究 [D]. 北京: 中国地质大学, 2019.

[46] 张继平. 湖南省永和海泡石的工业利用 [J]. 华东地质学院学报, 1998 (1): 70-77.

[47] 张琦. 海泡石吸附性能研究 [D]. 天津: 河北工业大学, 2002.

[48] 邱建美, 张玲洁, 申乾宏, 等. 碳化钨粉体在水介质中的分散研究 [J]. 稀有金属, 2014, 38 (6): 1087-1092.

[49] 张艳, 严春杰, 周凤, 等. 响应面法优化海泡石悬浮剂的工艺研究 [J]. 非金属矿, 2017, 40 (1): 43-45.

[50] Tavanti F, Muniz-Miranda F, Pedone A. The effect of alkaline cations on the intercalation of carbon dioxide in sepiolite minerals: A molecular dynamics investigation [J]. Frontiers in Materials, 2018 (5): 1-9.

第4章

海泡石功能材料设计原理及实践

所谓功能设计，就是赋予材料一次功能或二次功能特性的科学方法。材料设计的实现是一个长期过程，最终应达到提出需求目标就可设计出成分、工艺流程并做出合乎要求的工程材料以至零件、器件或构件。

无机非金属功能材料设计的方法主要为：根据功能的要求设计配方和根据功能的要求设计合适的加工工艺。海泡石作为无机非金属材料其所含的材质决定了材料的性能，而功能材料配方复杂且多样，不同的加工工艺可以得到不同功能的材料。因此，控制合适的加工工艺对海泡石功能材料至关重要。

4.1

结构改性

对于海泡石纤维的结构改性，可分为酸活化、热活化、离子交换、柱撑和水热法等，通过结构改性可增大海泡石比表面积和吸附能力以及热稳定性等，改变海泡石层间环境。

4.1.1 酸活化

通过强酸的处理，用 H^+ 替换出 Mg^{2+}，可实现海泡石的酸改性活化，这样原先的 Si—O—Mg—O—Si 键转变为了两个 Si—O—H 的结构，晶体结构被部分"钻通"，另一方面，Mg^{2+} 是一种弱碱，与弱酸反应会有堵塞通道的沉淀形成，因此采用强酸较为合适。

Vilarrasa-García 等报道了微波辅助硝酸浸出海泡石的方法，该方法使用微波处理硝酸浸出的海泡石，只需几分钟，便可达到常规酸浸 48h 才能达到的比表面积，可见微波与硝酸具有显著的协同加速作用。

Franco 等详细研究了微波辅助处理的酸浸海泡石，结果表明在低浓度酸浸条件下处理海泡石纤维若干分钟，即可达到常规酸浸工艺两天的处理效果，所得的活化海泡石纤维的比表面积基本相同，为工业活化海泡石提供了指导思路。研究发现微波辅助酸浸可使海泡石结构部分破坏，形成并增加无定形硅的含量，而且，即使海泡石 Mg^{2+} 损失量达 43％时，海泡石的纤维形貌依旧保持不变，但是当 Mg^{2+} 完全释放后，纤维形貌消失，取而代之的是不规则球状形貌的无定形硅。针对不同结构和化学组成的海泡石，在测试时间内，HNO_3 的活化效果大大高于 HCl。微波酸浸处理海泡石的效果还取决于海泡石的自身特性，海泡石纤维的结晶度越低，其结构越容易被破坏，而当八面体结构中存在 Al^{3+} 时，其结构较难被破坏。矿物杂质不会影响微波辅助酸浸海泡石的效果。

海泡石经酸活化后，利用双螺杆挤出机和注射成型机，按照一定比例与聚酰胺树脂（PA6）共混。基于海泡石优良的吸附、机械和稳定性能，以改善 PA6 的力学性能，并降低其吸水性。结果表明，PA6 分子链中的酰胺基团易于与酸活化海泡石中的羟基形成氢键。广角 X 光衍射与差示扫描量热法测试表明，随着海泡石填充量增加，复合材料结晶度降低，结晶温度升高，海泡石起到了异相成核剂的作用。

Lv 等采用不同的强酸（盐酸、硫酸、硝酸）处理海泡石，处理后的海泡石结构如图 4-1，图中 Si—O—Mg—O—Si 键转变成 Si—OH 键（盐酸、硝酸），并进一步缩聚成 Si—O—Si 键（硫酸）。酸浸后的海泡石比表面积增加，增加幅度顺序为：硫酸＜硝酸＜盐酸。在海泡石转变为无定形硅的过程中，最初的微孔逐渐变为介孔。从海泡石比表面积来看，比表面积与脱 Mg 率关系密切，当脱 Mg 率为 36％时，比表面积可达 $554.4 m^2/g$。从表面电性来看，由于存在众多 Si—OH 和 Mg—OH，未处理海泡石表面呈负电性；但经酸处理后，这些基团与酸反应而质子化，通过增大酸浓度、升温和延长酸浸时间，海泡石表面的正电性增强，阳离子间的斥力随之增大，产物类似于硅氧组成的四面体结构。

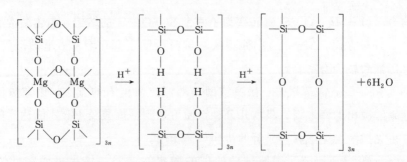

图 4-1　酸活化对海泡石结构的影响

4.1.2　热活化

通过热作用可将海泡石结构中存在的吸附水、结晶水和羟基水脱去，进而增大纤维的间距和孔道的比表面积。适宜的温度还能使纤维束先解离成细长状的，再逐渐断开，提升了分离性能。

贾亚可通过研究海泡石活化时间与活化温度的关系，绘制出不同时间活化后的海泡石纤维质量曲线，结合海泡石纤维本身的结构特点，确定了最佳的热活化时间为 2h；通过研究活化温度与海泡石孔径、孔容积和比表面积的关系，确定了最大孔径、比表面积和孔体积所需的温度。吸附水、结晶水和羟基水是海泡石结构中水分子的主要存在形式，其中吸附水处于海泡石晶体结构的通道或者孔洞内，靠范德华力与海泡石周围的离子相互结合，这种水分子与海泡石分子的结合力弱，很容易逸出，只需要低温就可以去除，脱除温度在室温至 300℃ 范围内，此过程的晶胞参数即结构骨架基本未发生改变；结晶水主要参与了海泡石中镁氧八面体的配位，镁离子对结晶水的束缚力强，逸出温度在 300～800℃ 之间；羟基水是海泡石结构的一部分，嵌在硅氧四面体与镁氧八面体中的阳离子之间，与海泡石分子间的结合力很强，很难脱离，且一旦失去就会破坏海泡石结构，脱除温度在 800～1000℃ 之间，此过程开始海泡石纤维的晶体结构逐渐被破坏，矿物成分发生改变，并开始生成新物质。基于以上海泡石的基本特性，结合酸活化和热活化，获得了优化后的海泡石纤维的孔隙率、孔径和吸附性能，然后采用共混熔融法与癸酸、石蜡等复合，获得了有机物/海泡石相变蓄热材料。

Tian 等发现热活化影响海泡石对棕榈油的脱色性能。FTIR 结果显示，随着活化温度由常温升至 500℃，—OH 的伸缩振动峰强度减弱，沸石水中的 H—O—H 弯曲振动峰减弱；高于 500℃ 后，这些振动峰消失，结果表明热处理主要影响—OH 基团和结构中的水分子；活化温度高于 400℃ 后，四面体骨架开始出现坍塌。XRD 结果确认了海泡石纤维活化温度的上限为 400℃。Zeta 电位表

海泡石矿物材料：加工·分析·设计·应用

明，提升热活化温度会使海泡石负电位的绝对值增大。BET 结果表明，海泡石纤维的孔体积随着热活化温度的升高先增后减，在 800℃后孔几乎消失，生成了顽火辉石相。棕榈油脱色效果试验表明，在 200～600℃热活化温度内，海泡石的脱色效率先升高后下降，在 400℃时达到峰值。

基于酸改性和热改性对海泡石比表面积等性能的提升，酸热活化海泡石往往被应用于有机污染物的吸附，如纺织染料 RRB（Remazol red B）等，由于具有低的吸附活化焓和正的活化能，吸附方式为物理吸附。吸附过程分为三步，即：第一步，RRB 快速吸附于海泡石外表面位点；第二、第三步，RRB 逐渐向内扩散至海泡石的内表面并完成吸附。

并非酸热改性海泡石纤维都利于有机物的附着，Sabah 等系统研究了酸热活化海泡石对阳离子表面活性剂十六烷基三甲基溴化铵 HTAB $[C_{16}H_{33}N(CH_3)_3Br]$、十二烷基三甲基溴化铵 DTAB$[C_{12}H_{25}N(CH_3)_3Br]$ 和盐酸十二烷胺 DAH$(C_{12}H_{28}ClN)$ 的吸附行为，研究发现海泡石对阳离子有机物的吸附分为三个阶段：第一阶段速率较低，由铵离子和镁离子间的离子交换速率主导，伯胺有机物通过氢键吸附于海泡石上；第二阶段的吸附主要是由有机物链与链间的范德华力相互吸引，同时通过离子交换过程吸附；第三阶段主要是由于胶团的形成。酸热处理后的海泡石尽管比表面积增大了若干倍，但单位质量海泡石对铵盐的吸附量几乎与未活化海泡石的吸附量相当。这可能是由于不能吸附阳离子表面活性剂的微孔数量的增加，以及八面体层中 Mg 层的坍塌，热处理后沸石水和结合水的去除也不利于伯胺有机物的吸附。因此，未经酸热处理的海泡石更有利于铵盐有机物的吸附。

4.1.3 离子交换

离子交换改性是通过金属间的替代，以实现改变表面性质、增加吸附量等目标的改性方法。所用替代金属须具有较强的极化能力，被替代金属为八面体边缘的 Mg^{2+}。若替代金属价态高于 Mg^{2+} 的价态，海泡石酸性增强，反之则碱性增强。

早在 20 世纪，就有研究人员发现，海泡石中的 Mg^{2+} 可被其他阳离子替换，因此，研究了 B^{3+} 和 Al^{3+} 改性海泡石。研究发现，由于 F 离子对酸度有促进作用，采用 BF_3/甲醇溶液改性的海泡石表面酸度增大，进而有利于催化剂的制备。

郑淑琴等研究了 Al^{3+} 改性海泡石与脱镁率的关系，由于改性后的海泡石 XRD 结果中并无铝氧化物特征峰的出现，因此证实了 Al^{3+} 改性的机理就是利用

了海泡石中 Al^{3+} 对 Mg^{2+} 的取代,而且,适度强度的改性并不会影响海泡石的自身结构。通过酸改性和铝盐改性的结合,海泡石孔体积和比表面积均适当增大,且海泡石由孔分布广、大孔为主转变为中孔特征明显,从而有利于海泡石中孔基质材料的开发与研究。

Liu 等采用铝酸钠作为改性剂,将酸化的海泡石在水热条件下制成铝改性海泡石。X 射线衍射和傅里叶变换红外吸收光谱结果表明 Al^{3+} 被引入了海泡石晶格;Al 的核磁共振分析结果表明铝改性海泡石中 Al 原子有两种结构;动电位表明,Al^{3+} 改性降低了海泡石表面负电位的绝对值。

4.1.4　柱撑

4.1.4.1　柱撑黏土的制备

由于黏土层间具有一定的化学活性,因此采用离子交换法向层间引进一些分子级别的"柱子",从而使黏土具有新的分子水平的规整的多孔形貌,该过程称为黏土的柱撑,引进的分子被称为柱化剂,柱化剂包括有机物、无机物和有机-无机复合物三类。

(1) 有机柱撑黏土的制备方法

①将与海泡石 CEC 值相当或略高的有机阳离子加入海泡石悬浮液中,然后通过搅拌、滤洗、干燥等步骤获得;②直接利用研磨方法将有机柱撑剂与海泡石混合加工制得;③将加热熔化后的有机物混入海泡石中得到。

(2) 无机柱撑黏土的制备方法

①滴定法,该法主要适用于碱性条件下不会立即生成沉淀的 Zn^{2+}、Ni^{2+} 等水化离子,通过缓慢提高 pH 值,实现阳离子水化并成型于海泡石层间;②离子交换法,该法适用于碱性条件下易沉淀的 Fe^{3+}、Al^{3+}、Cr^{3+}、Ti^{4+} 等,首先制备柱化剂,然后进行阳离子交换,该反应需控制柱化剂相对含量、pH 值和反应时间,反应后离心、洗涤、干燥、煅烧即可得到;③水热反应法,该法是将多核羟基阳离子与海泡石在水热反应中直接进行交换,并省去了钠化和陈化的步骤。

(3) 有机-无机复合柱撑黏土的制备方法

有机-无机复合柱撑黏土是指同时采用有机物和无机物对黏土矿物进行柱撑,有机物往往充当了模板剂的作用。

4.1.4.2　柱撑黏土的用途

柱撑海泡石作为催化剂具有独特的优势,表现在:常规黏土在温度超过

$150\sim200℃$时，层间吸附的分子脱离，层状黏土出现层坍塌；将金属阳离子引入层间，然后高温转化为金属氧化物，该过程可大大提升高温热稳定性，催化剂可用温度提升到了$500℃$，且有效阻止了层间的坍塌。同时，孔结构变得丰富，且阳离子交换容量变大。目前，相关的研究主要有以下几个方面：

（1）应用于催化剂载体

叶青等制备了铁柱撑的钠化海泡石（Fe-NaSep）。首先获得钠化海泡石（NaSep），基于小角度 X 射线衍射测试和 Bragg 方程计算，海泡石（110）晶面衍射峰的层间距由 12.1Å（$1\text{Å}=10^{-10}\text{ m}$）变为 11.9Å，X 射线荧光光谱（XRF）测试表明海泡石中 Ca^{2+}、Mg^{2+} 减少，Na^+ 增多。以上两种测试结果表明：NaSep 中 Na^+ 置换出了部分 Ca^{2+}、Mg^{2+}，由于 Na^+ 的半径小于 Ca^{2+}、Mg^{2+}，所以层间距减小，另外，钠化后的海泡石阳离子交换容量显著增大，说明钠化有利于海泡石中铁柱撑的进行。随后对 NaSep 进行了铁柱撑，XRF 表明柱撑后 NaSep 中铁含量增大，其余的阳离子减少，同时，海泡石（110）晶面的层间距明显增大，表明该过程中，Fe^{3+} 将 NaSep 层中的阳离子部分置换出来，Fe^{3+} 进入 NaSep 的（110）层间。X 射线衍射结果表明，铁柱撑后的 NaSep 再经过焙烧后形成了有序的铁氧化物柱撑结构。柱撑结构与浸渍结构的区别在于相同条件下，柱撑后的海泡石中 XRF 测出的铁含量与浸渍得到的铁含量相当，但是 XRD 结果中柱撑海泡石中不存在氧化铁的特征峰，而浸渍海泡石中存在氧化铁的特征峰。通过对海泡石前驱体、NaSep 前驱体、Fe-NaSep 前驱体的热重分析结果比较表明，三种材料的第一个峰出现在 $60℃$ 左右，为吸附水的失去；第二峰出现在 $300℃$ 左右，为羟基铁转变为氧化铁；第三峰中，Fe-NaSep 的出现温度明显高于其他两种材料，为 $850℃$，证实了柱撑材料具有热稳定性优势。样品的比表面积和孔容结果表明，Fe-NaSep 的比表面积和孔体积均比原海泡石和 NaSep 有明显提升，XPS 结果表明，Fe-NaSep 中铁以二价和三价两种氧化态存在，相比NaSep 的峰位置，Fe-NaSep 中铁呈一定的正向偏移，表明 Fe-NaSep 中铁与海泡石之间有较强的相互作用力。H_2 程序升温还原（H_2-TPR）结果显示 Fe-NaSep 的铁从高价态到低价态的还原峰（$360℃$、$510℃$、$680℃$）明显高于 NaSep（$330℃$、$400℃$、$490℃$），且柱撑材料的还原峰峰形更宽，表明 Fe-NaSep 中的氧化铁较难被还原，这也证实了氧化铁位于海泡石层间。最后，将铜负载于 Fe-NaSep 表面，用于选择性催化还原 NO_x（NO_x-SCR）技术。Akçay 进一步采用红外光谱量化研究了吡啶在海泡石和铁柱撑海泡石表面的吸附机理。

柱撑海泡石用于油品的加氢脱硫。采用 H_2-TPR 法制备了 TiO_2 柱撑的海泡石并用作 Ni_2P 催化剂的载体，TiO_2 柱撑后的海泡石热稳定性增强，晶面间距增加，比表面积增大。本试验中，TiO_2 柱撑海泡石还具有一个独特的优势，即显著降低了 Ni_2P 活性组分的合成还原温度。

柱撑海泡石可用作 Ti 基催化剂支撑材料，应用于催化 CO 的氧化。结果表明，Ti 柱撑显著提高了海泡石的热稳定性，且使海泡石形成更多的酸性位，进而使复合材料催化氧化 CO 的性能显著提高。这是由于 CO 在氧化过程中属于给电子体，基于催化剂的酸性中心进行化学附着，海泡石经焙烧后呈柱形氧化物，同时释放出质子而形成 Lewis 和 Brønsterd 酸中心，有利于 CO 的吸附和 CO_2 的脱附。因此，Ti 的柱撑有利于提升铜催化剂性能。

杨扬系统地合成了 Cu、Fe 柱撑海泡石，同时创造性地合成了 Cu、Fe 共柱撑钠基海泡石，用于 NO_x 的选择性催化还原，当 Cu 含量高于 10％时，催化效果优于单独的 Fe 柱撑海泡石，从而证实了 Cu、Fe 共柱撑的优越性；同时制备了稀土 Ce 或 Sm 掺杂后的柱撑海泡石，稀土的掺入进一步增强了 CO 催化氧化的活性。

(2) 应用于吸附剂

一定浓度的 NO 是一种人体必需的治疗药剂，但由于其常温常压下呈气态，且对浓度控制要求比较苛刻，因此，寻找合适的药剂载体十分重要。黏土也被应用于生物医药领域，相比于其他材料，黏土矿物具有很好的生物相容性，往往被用于药物赋形剂。由于具有较强的阳离子交换能力，蒙脱石类黏土矿物通常被用作药物载体，但这类黏土的吸附能力较弱；而层状硅酸盐具有独特的通道和大的比表面积，可弥补蒙脱石类的不足。虽然海泡石不能像蒙脱石那样具有可膨胀性，但是通过一定材料的柱撑，可使海泡石的层间距扩大。经过柱撑后的海泡石可形成永久的以微孔（孔径小于 20Å）或介孔（孔径在 20～500Å）为主的多孔材料。海泡石最常见的柱撑物有铝氧化物，其次是 Ti、Co、Zn 的氧化物。柱撑成功后，所得材料中的 Co 和 Ti 可与 NO 分子发生相互作用，进而影响其吸脱附性能。毒性研究结果表明，Hela 细胞在较高材料浓度下仍可存活。因此，未改性海泡石和柱撑改性海泡石均可实现 NO 的储存和释放，并成功应用于医学领域。

4.1.5　水热法

水热法是指将水和粉体经密闭加压加热的制备方法。对海泡石的水热处理需注意加热温度要低于 600℃，以避免海泡石结构的破坏。煅烧是常见的粉体固化方法，煅烧温度过高会使海泡石天然孔隙结构破坏，进而影响其性能的发挥。因此，低温条件的水热法可以尽可能少地破坏海泡石结构，通过水热固化法获得的块体既最大化地保持了海泡石的结构和性能，又提升了抗折强度。

Duan 等研究了水热法处理海泡石吸附苯乙烯，研究发现水热法处理后的海泡石在比表面积上有很大的增加，由 $29.183m^2/g$ 增加到 $86.661m^2/g$，总孔体积也有一定程度的增加。随着水热改性温度的升高（393K 至 453K），苯乙烯平衡吸附量增大，这是由于新的孔道和表面的形成。然而当水热改性温度大于 453K 时，苯乙烯平衡吸附量减小，这是由于海泡石纤维聚合和压缩，导致孔体积和孔径减小。

4.2　　　　　　　　　　　　　　　▶▶

有机改性

矿物表面改性是以改变矿物表面物理化学性质为目标，采用表面改性剂作为改性药剂，在矿物表面进行包覆和吸附。改性的主要研究内容有两点：①改性剂与矿物表面之间的相互作用；②改性后的矿物与有机基体之间的相互作用。改性剂主要分为偶联剂、高级脂肪酸及其盐、不饱和有机酸、硅油、聚烯烃低聚物等。

硅烷偶联剂是一类有机硅单体，通式为 $R—SiX_3$，其中 R 为硅附带的水系稳定的有机官能团，与聚合物分子有亲和力或反应能力，主要有氨基、巯基、乙烯基、环氧基和酰氧基等；X 为可水解成硅羟基的烷氧基（通常为甲氧基—OCH_3 或乙氧基—OC_2H_5）或氯离子。在实际使用中，硅烷偶联剂需先水解转变成硅羟基后，才能与矿物表面发生反应，形成化学键。水解方法可分为直接水解作用（直接与矿物表面的水分子作用）和预先水解作用（预先在水溶液中水解后与矿物表面作用）。

研究了甲苯作分散介质的条件下，用 3-氨丙基三乙氧基硅烷改性获得有机海泡石，并将该有机海泡石用于重金属阳离子的吸附。吸附反应示意图如图 4-2，图中 M^{n+} 为金属阳离子。由图 4-2 可知，金属阳离子的吸附主要与硅烷表面活性剂中的氨基基团作用。研究表明，吸附顺序为 Fe＞Mn＞Co＞Cd＞Zn＞Cu＞Ni，在 pH 值为 1.5～7.0 范围内，随着体系 pH 值的增大，金属阳离子吸附量增加。另外，吸附温度、离子强度对改性海泡石吸附金属阳离子均有不同影响。用三种季铵盐对海泡石的表面改性可知，表面活性剂分子在海泡石表面呈多层吸附，第一层为表面活性剂分子中的阳离子与海泡石中的镁离子交换吸附所得，其他层为表面活性剂分子间的疏水键合，该结论进一步被热分析结果所证实。吸附试验最符合 Langmuir-Freundlich 吸附模型，且吸附动力学试验表明吸附 0.4h 后吸附作用完成。采用 NMR 和 ESEM 研究了酸活化海泡石表面硅烷化反应，ESEM 表明硅烷分子均匀分布于改性海泡石表面，NMR 结果表明升温改性后，表面未反应的硅羟基增加，升温增加了硅烷分子的自身缩合反应，通过硅烷网状结构罩盖在酸处理海泡石表面。有机改性处理的海泡石材料可提升在有机基体中的分散性和兼容性，可应用于橡胶填料并显著提升橡胶填料品质。

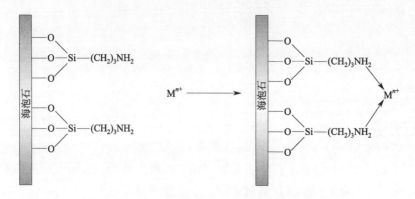

图 4-2　有机改性海泡石吸附金属阳离子示意图

采用溶液浇筑法将 3-氨丙基三甲氧基甲硅烷改性海泡石用于聚乳酸（PLA）纳米复合薄膜，确定了海泡石最佳填充量和改性剂的最佳添加量。测试了复合材料的热性能、力学性能、透气性、水蒸气渗透性（WVP），结果表明在适量添加改性海泡石的前提下，相比单一的 PLA 材料，复合材料在力学性能、阻气性和WVP 性能方面均有所增强，且改性海泡石比未改性海泡石更有利于无机填料与PLA 的界面作用，进而产生更好的性能优势。因此，改性海泡石可作为生物可降解 PLA 薄膜理想的纳米无机填料。

海泡石与有机表面活性剂的相互作用方式可能有以下三种：①物理吸附，如范德华力和静电吸引；②化学作用，如氢键、共价键、取代反应等；③表面活性剂分子进入海泡石的通道中。研究了十八烷基三甲基氯化铵（C18-A）、十八烷基苄基二甲基氯化铵（C18-B）和双十八烷基二甲基氯化铵（DC18）改性海泡石。通过高分辨 XPS 结果表明，元素结合能小于 1eV，因此属于弱结合作用，结合能的改变只发生在表面改性剂分子的极性端，烷基链并未改变，因此推断负电的海泡石和正电的改性剂极性端发生了静电吸引作用。同时，改性前后比表面积和孔体积的改变表明改性剂分子进入并堵塞了海泡石的通道。并推测出四种可能的反应情况，即：①完全嵌入；②部分嵌入；③被较大的极性端堵塞；④简单的罩盖。示意图如图 4-3（见文后彩插）。由于海泡石的开放通道大小为 3.7Å×10.6Å，

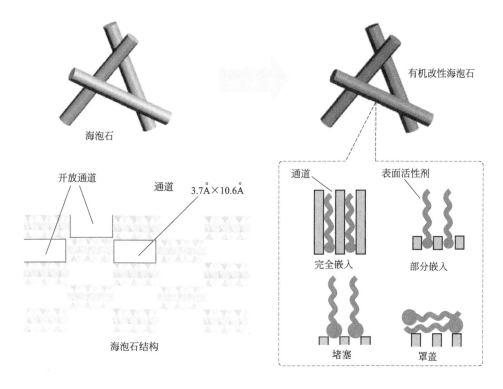

图 4-3　海泡石结构及改性剂可能的位置示意图

而软件优化所得的改性剂分子（C18-A 和 C18-B）极性端略小于海泡石通道，因此极有可能极性端进入了通道，而由于烷基链较长，因此改性剂分子较难完全进入海泡石通道中，当然也会存在部分改性剂分子罩盖在表面，但部分插入相对更加稳定；对 DC18 分子而言，其所含的两个烷基链间的夹角为 107°，这一角度使其难以进入海泡石通道中，因此该改性剂分子只能罩盖在海泡石表面。通过对比改性海泡石在油相中的流变性和热稳定性可知，C18-A 和 C18-B 改性海泡石性能更佳，进而证实了改性剂分子部分进入海泡石通道具有更稳定的优势。

　　Zaini 等综述了海泡石/改性海泡石填充有机聚合物纳米复合材料的研究进展。海泡石在自然状态下呈束状集合体分布，为了实现海泡石在聚合物复合材料中性能的最大化发挥，需要对海泡石表面改性以实现在聚合物中的均匀分散。相比其他的黏土矿物，海泡石外表面具有大量的硅羟基（Si—OH），使得海泡石呈亲水状态，这使得海泡石原矿只能与亲水的聚合物相容，从而限制了其在聚合物中的应用。然而，海泡石的这些硅羟基也可直接接触化学试剂，通过添加表面改性剂以实现海泡石由亲水向疏水状态的转变，进而降低了硅酸盐层的表面能，使其与疏水有机聚合物相容，同时改善海泡石纤维的分散性和在有机相中的稳定性，并能发挥海泡石在极性高聚物中的增强特性；与此同时，海泡石还具有阳离子交换特性，因此，海泡石可被季铵盐及 Lewis 和 Brønsted 酸改性，通过与海泡石层间的无机阳离子与有机铵盐或酸根阳离子的交换，实现海泡石的有机化。

4.3

表面负载

海泡石可作为催化剂的载体，活性组分及助催化剂均匀分散，并负载在海泡石上，负载后可提高其分散度，减少用量。海泡石可提供有效的表面和适宜的孔结构，降低活性组分的聚集，并增强机械强度，海泡石还可稳定 pH 值，并提供附加的活性中心。

Song 等采用共沉淀法在钛柱撑海泡石表面负载了铜-锰氧化物纳米颗粒，所得材料用于评估 CO 氧化效果。结果表明，铜-锰共同负载比单一负载铜或锰纳米颗粒氧化 CO 效果更佳，且锰铜含量比对材料反应活性影响至关重要，证实了协同作用的优势，钛柱撑材料作为支撑材料更有利于 CO 的低温氧化反应。

Zhou 等采用微波辅助水热法合成了一系列稀土元素（La、Ce、Pr、Nd、Eu、Gd）掺杂二氧化钛负载的海泡石纳米复合材料。氮气吸脱附测试表明稀土元素的掺杂可增强复合材料的结构特性，XPS 分析证明了复合材料中 Ti^{3+} 和 Ti^{4+} 的共存，光降解试验表明，含稀土的复合材料具有更强的光催化降解橙黄 G（orange G，OG）的活性，且在所有复合材料中，Eu 掺杂的 TiO_2/Sep 复合材料具有最强的光催化活性，在 10h 可见光照射下 OG 的降解率超过 72%。海泡石可作为催化剂载体的同时还可以吸附 OG。稀土掺杂二氧化钛负载海泡石光降解 OG 的机理如图 4-4。

Zhang 等将海泡石酸活化，再有机改性，获得了具有一定活性的分散好的海泡石载体，再负载上 Ag 纳米颗粒，得到 Ag/NH_2-ASep 复合材料，复合材料在 $NaBH_4$ 还原剂的存在下，可在 150s 内将 4-硝基酚转化为 4-氨基酚，转化率为 100%，表现出高的催化活性。海泡石作为催化剂 Ag 载体的同时，也为催化反应提供了氨基功能团。复合材料催化 4-硝基酚的机理如图 4-5。

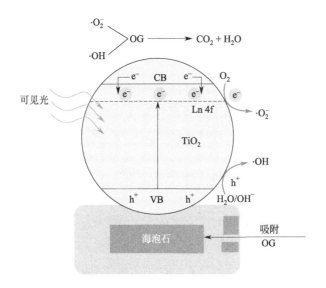

图 4-4 稀土掺杂二氧化钛负载海泡石（RE-TiO$_2$/Sep）复合材料光催化降解机理图

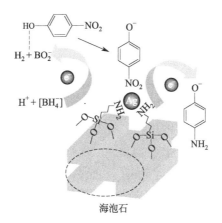

图 4-5 NaBH$_4$ 还原条件下 Ag/NH$_2$-
ASep 催化 4-硝基酚的机理图

Yan 等将海泡石表面 TiO$_2$ 纳米颗粒（1～10nm）改性，并负载 Cu$_2$O 颗粒（70～300nm），获得了氧化亚铜/二氧化钛/海泡石（Cu$_2$O/TiO$_2$/Sep）纳米复合材料，所得复合材料用于过氧化氢检测。Cu$_2$O/TiO$_2$/Sep 性能优于之前的传感材料是由于其大的比表面积和 TiO$_2$ 改性的海泡石具有特殊结构，利于负载 Cu$_2$O。

4.4

复合组装

复合组装包含两方面内容，即材料复合和材料组装。材料组装的含义为：将一种或一种以上性质相似或相同的纳米材料通过物理化学作用优化组合在一起，其中包括自组装和杂化组装；材料复合的含义为：将不同性质的材料优化组合而成为新的材料，海泡石作为无机材料，往往通过有机改性后与有机材料进行复合，进而达到提升某方面性能的目的。

应用高剪切搅拌和超声法可处理海泡石纤维和纳米纤维素纤维，将其进行组装，进而得到均一稳定的水相溶胶，再将该溶胶采用复合铸造工艺形成纳米薄膜材料。通过以上方法先后获得了纳米纤维素/改性海泡石纳米薄膜，这种材料中纤维主要以氢键键合，海泡石的添加可控制所得薄膜的亲疏水特性，并具有特殊的表面和力学特性。基于纳米纤维素/改性海泡石组装的材料，进一步将其功能化，得到了具有导电性能的纳米纤维素/改性海泡石-多壁碳纳米管纳米纸、具有磁性的纳米纤维素/改性海泡石-磁铁矿纳米纸和具有光催化性能的纳米纤维素/改性海泡石-氧化锌纳米纸。

石墨烯纳米片在水中不能稳定分散。采用传统的超声处理法将石墨烯纳米片与海泡石黏土组装并将其功能化。条件优化后的海泡石与石墨烯纳米片层在水溶液中可形成非常稳定的混合悬浮液，该悬浮液可制成自支撑膜，且该膜具有特定的导电和力学性能。通过在超声处理阶段掺入少量的多壁碳纳米管后，所得材料的导电性能可显著增强；基于海泡石的基本特性，海泡石石墨烯杂化材料可潜在应用于有机物吸附、膜材料、多相催化、电催化、传感器等；还可以将海泡石石墨烯/多壁碳纳米管杂化材料与各类聚合物组装，三种聚合物（藻朊酸盐、明胶、聚乙烯醇）中，藻朊酸盐杂化材料的力学性能（杨氏模量、抗拉强度、断裂伸长率）最好，在导电性方面，藻朊酸盐石墨烯海泡石杂化材料的层内导电性能也分别优于藻朊酸盐石墨烯和藻朊酸盐多壁碳纳米管杂化材料，多壁碳纳米管的掺入可显著提升面内导电性能。最优的层内电导率可达 2500S/m，层间电导率可达 0.05S/m。因此，少量的多壁碳纳米管与石墨烯-黏土杂化体系可应用于聚合物体系中，在产生显著的导电性能的同时，增强复合体系的力学性能，还可大幅降低成本。

海泡石-聚合物复合材料的合成方法主要有熔融共混法、溶液共混法和原位聚合法。熔融共混法中，直接将海泡石或改性海泡石添加到熔化状态的有机基体中，该法主要用于处理热塑性有机物，且多数制备设备为双螺杆挤出机或密炼

海泡石矿物材料：加工·分析·设计·应用

机；溶液共混法主要指将海泡石纤维置于含聚合物的溶剂中，充分混合分散后，将溶剂蒸干，得到海泡石-聚合物复合材料，其中溶剂可以是一种或多种。该法的优势是溶剂去除后，海泡石以纳米量级均匀分布在聚合物中；原位聚合法中，将反应性单体（或可溶性预聚体）与催化剂加入分散相（或连续相）中，芯材物质为分散相，由于单体（或预聚体）在单一相中可溶，聚合物在整个体系中不可溶，所以聚合反应发生在分散相芯材上，该法适用于热固性聚合物的合成，但存在耗时、不稳定等缺点。总之，以上方法制备的改性海泡石-聚合物复合材料具有以下优点：热变形温度和弹性模量增加，力学性能尤其是杨氏模量提升，热稳定性提升，刚度和强度增加等。所采用的海泡石改性剂主要有：硅烷偶联剂、季铵盐、有机酸类等。

在橡胶填料方面，研究发现各向异性的无机黏土具有更好的增强性能，但是即使烷基铵盐改性海泡石使海泡石有机改性的同时得到了分散，但是由于海泡石表面仍具有亲水的硅羟基，有机海泡石-聚合物填料的交互作用仍未完全改善。Credico 等分别对海泡石原矿和甲基丙烯酸月桂酯（DDMA）有机改性海泡石进行酸处理和有机改性处理，改性剂为双-[3-（三乙氧基硅）丙基]-四硫化物（TESPT）。酸处理和 TESPT 改性采用一锅法同时处理获得最终产物。其中，酸处理获得了纳米尺度的针状海泡石，在保证海泡石各向异性的同时，增加海泡石表面的活性位点，且海泡石可自组装成网状结构；TESPT 有机改性使海泡石表面增加了更多的与橡胶键合的位点。

参考文献

[1] Vilarrasa-Garcia E，Cecilia J A，Bastos-Neto M，et al. Microwave-assisted nitric acid treatment of sepiolite and functionalization with polyethylenimine applied to CO_2 capture and CO_2/N_2 separation [J]．Applied Surface Science，2017，410：315-325.

[2] Franco F，Pozo M，Cecilia J A，et al. Microwave assisted acid treatment of sepiolite：The role of composition and "crystallinity" [J]．Applied Clay Science，2014，102：15-27.

[3] 于海美. PA6/海泡石复合材料的制备及形态结构与性能研究 [D]．湘潭：湘潭大学，2010.

[4] Lv Y，Hao F，Liu P L，et al. Improved catalytic performance of acid activated sepiolite supported nickel and potassium bimetallic catalysts for liquid phase hydrogenation of 1，6-hexanedinitrile [J]．Journal of Molecular Catalysis A：Chemical，2017，426：15-23.

[5] 贾亚可. 有机/海泡石纤维相变蓄热材料的研究 [D]．天津：河北工业大学，2010.

[6] Tian G Y，Wang W B，Kang Y R，et al. Study on thermal activated sepiolite for enhancing decoloration of crude palm oil [J]．Journal of Thermal Analysis and Calorimetry，2014，117（3）：1211-1219.

[7]   Uğurlu M. Adsorption of a textile dye onto activated sepiolite [J]. Microporous and Mesoporous Materials, 2009, 119 (1-3): 276-283.

[8]   Sabah E, Turan M, Celik M S. Adsorption mechanism of cationic surfactants onto acid-and heat-activated sepiolites [J]. Water Research, 2002, 36 (16): 3957-3964.

[9]   Campelo J M, Garcia A, Diego L, et al. Cyclohexene skeletal isomerization activity of sepiolites modified with B^{3+} or Al^{3+} ions [J]. Reaction Kinetics & Catalysis Letters, 1990, 41 (1): 13-19.

[10] 郑淑琴,黄小红,钱东,等. 海泡石的酸铝改性及其结构变化的研究 [J]. 湖南理工学院学报, 2008, 21 (2): 60-64.

[11] Liu W B, Jin S M, Cui K X, et al. Structure and surface properties of Al^{3+}-modified sepiolite [J]. Materials Science Forum, 2018, 913: 1033-1041.

[12] 叶青,闫立娜,霍飞飞,等. Cu 负载 Fe 柱撑钠化海泡石:结构特点及其丙烯选择性催化还原 NO 性质研究 [J]. 化学学报, 2011, 69 (13): 1524-1532.

[13] Akçay M. FT-IR spectroscopic investigation of the adsorption pyridine on the raw sepiolite and Fe-pillared sepiolite from anatolia [J]. Journal of Molecular Structure, 2004, 694 (1/3): 21-26.

[14] Liao H, Xu X L, Chen W Q, et al. Ni_2P catalysts supported on TiO_2-pillared sepiolite for thiophene hydrodesulfurization [J]. Acta Physico-Chimica Sinica, 2012, 28 (12): 2924-2930.

[15] 姜玲燕,李丽,范翠云,等. 钛柱撑海泡石 Cu 基催化剂净化 CO 性能的研究 [J]. 环境化学, 2007, 26 (5): 578-581.

[16] 杨扬. 铜、铁柱撑海泡石性质及催化性能的研究 [D]. 北京:北京工业大学, 2008.

[17] Fernandes A C, Antunes F, Pires J. Sepiolite based materials for storage and slow release of nitric oxide [J]. New Journal of Chemistry, 2013, 37 (12): 4052-4060.

[18] Wang Z L, Jing Z Z, Wu K, et al. Hydrothermal synthesis of porous materials from sepiolite [J]. Research on Chemical Intermediates, 2011, 37 (2-5): 219-232.

[19] Duan E H, Han J, Song Y, et al. Adsorption of styrene on the hydrothermal-modified sepiolite [J]. Materials Letters, 2013, 111: 150-153.

[20] Demirbaş O, Alkan M, Doğan M, et al. Electrokinetic and adsorption properties of sepiolite modified by 3-aminopropyltriethoxysilane [J]. J Hazard Mater, 2007, 149 (3): 650-656.

[21] Lemić J, Tomasević-Canović M, Djuricić M, et al. Surface modification of sepiolite with quaternary amines [J]. J Colloid Interface Sci, 2005, 292 (1): 11-19.

[22] Valentin J L, Lopez-Manchado M A, Posadas P, et al. Characterization of the reactivity of a silica derived from acid activation of sepiolite with silane by 29Si and 13C solid-state NMR [J]. J Colloid Interface Sci, 2006, 298 (2): 794-804.

[23] Moazeni N, Mohamad Z, Dehbari N. Study of silane treatment on poly-lactic acid (PLA) epiolite nanocomposite thin films [J]. Journal of applied polymer science, 2014, 132 (6): 1-8.

[24] Zhuang G Z, Zhang Z P, Chen H W. Influence of the interaction between surfactants and sepiolite on the rheological properties and thermal stability of organo-sepiolite in oil-based drilling fluids [J]. Microporous and Mesoporous Materials, 2018, 272: 143-154.

[25] Zaini N A M, Ismail H, Rusli A. Short review on sepiolite-filled polymer nanocomposites [J]. Polymer-Plastics Technology and Engineering, 2017, 56 (15): 1665-1679.

[26] Song Y, Liu L S, Fu Z D, et al. Excellent performance of Cu-Mn/Ti-sepiolite catalysts for low-temperature CO oxidation [J]. Frontiers of Environmental Science & Engineering, 2017, 11 (2): 77-86.

[27] Zhou F, Yan C J, Sun Q, et al. TiO_2/Sepiolite nanocomposites doped with rare earth ions: Preparation, characterization and visible light photocatalytic activity [J]. Microporous and Mesoporous Materials, 2019, 274: 25-32.

[28] Zhang J H, Yan Z L, Fu L J, et al. Silver nanoparticles assembled on modified sepiolite nanofibers for enhanced catalytic reduction of 4-nitrophenol [J]. Applied Clay Science, 2018, 166: 166-173.

[29] Yan P, Zhong L F, Wen X, et al. Fabrication of Cu_2O/TiO_2/sepiolite electrode for effectively detecting of H_2O_2 [J]. Journal of Electroanalytical Chemistry, 2018, 827: 1-9.

[30] Campo G D, Mar M, Margarita D, et al. Functional hybrid nanopaper by assembling manofibers of cellulose and sepiolite [J]. Advanced Functional Materials, 2018, 28 (27): 1703048.

[31] Ruiz-Hitzky E, Sobral M M C, Gomez-Aviles A, et al. Functional conducting composites [J]. Advanced Functional Materials, 2016, 26 (41): 7394-7405.

[32] Credico B D, Cobani E, Callone E, et al. Size-controlled self-assembly of anisotropic sepiolite fibers in rubber nanocomposites [J]. Applied Clay Science, 2018, 152: 51-64.

第**5**章

海泡石矿物材料的应用

20 世纪 80 年代我国开始了对海泡石矿产资源的地质普查工作。1981 年在江西省探明了我国第一个海泡石矿床，远景储量达数十万吨；1984 年在湖南浏阳永和发现大型海泡石矿床，工业储量达数百万吨，从此开启了海泡石在我国工业开发的历史。海泡石在国内的应用主要分为三个阶段，见表 5-1。

表 5-1　海泡石的开发应用

阶段	时间	研究情况	应用领域
开发提纯阶段	1986～1987	主要处理品位在 10%～20%的土状低品位海泡石，主要研究选矿富集工艺、少量酸处理工艺和精选工艺	电焊条涂料、固体染料-水浆组合物、钻井液、镁质水泥组分
功能化开发阶段	1987～1995	研究迅速扩大，但开发尚未形成规模	涂料、降阻剂、饲料添加剂、电焊条、防霉剂、除臭剂、裂化催化、橡胶补强、卷烟烟气过滤、洗涤剂、耐火材料、炸药、湿敏元件、隔热材料、保健食品增矿剂、肥料、摩擦材料、保温材料、混凝土添加剂、农药、建筑装饰板材、抗旱增肥剂、净化柴油机尾气催化剂
复合化、多功能化阶段	1996～	加强物化性能研究、开拓市场、强调产品深加工；研究和应用取得巨大进展	绝热保温纸、饲料防霉剂、洗涤助剂、黏合剂、固体废料处理、化妆品、化肥增效防结剂、纳米复合材料、热塑性模塑材料、脱色、聚合催化剂、土壤保水膜、保健口罩、防火阻燃纸、宠物垫、聚醚或聚酯复合材料添加剂、硝铵松散剂、水稻种衣剂、加氢催化剂、纺织浆料、远红外功能粉添加剂、除草剂、微滤膜、电荷控制剂、气体/液体净化材料、易降解餐饮具

在国外，具有代表性的海泡石开发公司为 Tolsa 集团，该集团是欧洲特种黏土产品的领导者，如其开发的 Pangel S9 是一种由海泡石制成的粉状流变性添加剂，用于水性体系。它可用于沥青板材、防腐涂料、水性涂料、铸造涂料、摩擦元件、垫片、环氧胶黏剂、密封剂中，也可用作水泥和石膏体系的添加剂。其他海泡石相关产品主要包括宠物砂、高性能阻燃剂、隔热增效剂、工业添加剂和填充剂、生物杀菌剂和光催化净化添加剂等，可以说对海泡石的工业化利用较为成熟。另外，由于土耳其海泡石石质整体性好、细腻、柔软、纯度高和白度好，因此产生了一定规模的海泡石制艺术品，代表性产品是海泡石烟斗。

以下将对海泡石在国内外各领域的应用进行详细阐述。主要包括：环境领域、建筑材料领域、生物医药领域、化工领域、能源领域、聚合物领域、摩擦领域、艺术领域和其他领域。

5.1

环境领域

矿物材料储量丰富，几乎不用加工或加工工艺简单、价廉，对治理环境有着巨大的经济效益和社会效益，在治理污水、大气、固体废弃物中发挥着有效作用，其优良的性能为环境保护开拓了广阔的应用前景。环境矿物材料不仅能够处理"三废"，还用在高科技发展产生的新污染之中，如各种辐射、电磁场、噪声等的处理；其作为自然界的无机矿产，与环境有着共生和协调性，可治理污染、修复环境，且基本上都能循环利用，污染小，在一般技术不能解决的污染问题方面能发挥特有的作用，这是物理、化学等常规方法所不能比拟的，有着良好的处理修复效果。海泡石在环境领域的应用见图 5-1。

图 5-1　海泡石在环境领域的应用

5.1.1 土壤修复

重金属污染是土壤的主要污染因子,土壤中的重金属污染已经成为当今世界急需解决的问题,由于工矿企业污染、含重金属农药和化肥的施用,引起土壤 Cd、Zn、Ba、As、Pb、Cu 等重金属污染的情况尤其严重。土壤中的重金属污染物不能被生物降解,是环境中长期潜在的污染物。此外,土壤中的重金属污染物能够影响植物根和叶的发育,破坏人体神经系统、免疫系统、骨骼系统等,严重威胁到了人们的生命安全。

根据土壤治理工艺原理划分,重金属污染治理的方法可分为物理法、化学法和生物法。物理法、化学法能够有效降低重金属的危害,但其治理程序较复杂,对生产技术要求高,成本较高,在推广应用中受到限制。生物法受环境因素的影响大,修复时间长,有时只能降解特定类型的污染物。海泡石是一种天然富镁硅酸盐黏土矿物,无毒无害,其独特的内部孔道结构使其具有极强的吸附性能,对多种重金属具有稳定化效果,是制备重金属稳定剂的优质原料。对海泡石进行改性处理,可以提高海泡石对重金属的吸附能力,常见的改性方法有酸改性、热改性、巯基接枝改性、磁改性等。

研究表明海泡石能提高土壤 pH 值,改变重金属离子的生物可利用性,使其与土壤中大量存在的酸根离子,如 CO_3^{2-} 等结合而沉淀,减小土壤中重金属的有效性,减少植物对重金属的吸收量。在某一轻度 Cd 污染地区的农田土壤中进行 2 年 4 季的田间钝化修复试验。结果表明,生物炭、海泡石、凹凸棒石、羟基磷灰石和生石灰都能略微增加水稻产量,但统计上并没有显著性差异。其中,海泡

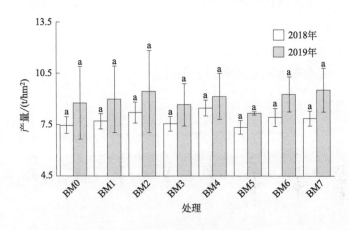

图 5-2 矿物修复对水稻产量的影响

石增产最多，平均产量比对照增加 8.60％，见图 5-2，图中 BM0 为对照，BM1 为生物炭，BM2 为海泡石，BM3 为蒙脱石，BM4 为凹凸棒石，BM5 为沸石，BM6 为羟基磷灰石，BM7 为生石灰；直方柱上方英文小写字母不同表示同一年份不同处理间产量差异显著（$P < 0.05$）。

韩晓晴等合成了羟基铝、羟基铁和羟基铁/铝组合柱撑液改性的海泡石钝化剂。将该材料用于土壤中砷、镉的钝化。砷、镉的钝化效果比较为：复合柱化剂处理的海泡石钝化性能优于单一柱化剂处理的海泡石，尤其是改性海泡石可使土壤中镉向稳定形态转化，实现了钝化目的。

Xu 等综述了海泡石原位固化土壤中重金属，海泡石可有效钝化 Cd 污染的酸性水稻土，具有高效、普适性、廉价、易于使用等特点。盆栽和田间试验结果表明，海泡石结合石灰岩、膨润土等可显著降低糙米中 Cd 的含量，限制植物对 Cd 的摄取，增大酸性水稻土的 pH 值，利于土壤中重金属的钝化。

党义伟进行盆栽试验，研究添加海泡石对小白菜生长吸收 Cd 及微量元素的影响。结果表明，随着海泡石添加量的增加，土壤的碱性增强，土壤中有效态镉的含量呈下降趋势，小白菜体内镉含量也呈下降趋势，随着海泡石含量的增加，还能促进小白菜的生物量的增加。

李琳佳采用不同方法对海泡石进行改性，探索不同改性处理后的海泡石对铅污染土壤的修复效果。以天然海泡石为研究材料，对其进行巯基乙酸改性、热改性、热处理＋亚硫酸铁改性。相比天然海泡石，三种改性后的海泡石比表面积明显增大，且热处理＋亚硫酸铁改性的海泡石比表面积最大。添加天然海泡石、三种方法改性后的海泡石对污染土壤进行处理，提取态铅含量均显著减少，且三种改性处理后的海泡石对铅的钝化能力优于天然海泡石。添加巯基乙酸改性海泡石的土壤有效态铅含量降幅最大，达到 39.68％。

马烁研究了天然海泡石铁改性前后对 Cd^{2+} 和 As^{3+} 的吸附效果及其影响因素，采用三氯化铁作为改性剂，海泡石中的碳酸盐被部分溶解，表面结构发生变化，粗糙度增加，铁改性海泡石形成了新的—OH。铁改性海泡石对 Cd 和 As 的吸附主要以化学吸附为主，处理能力优于天然海泡石。但天然海泡石对 Cd 和 As 的吸收速率均大于铁改性海泡石。与天然海泡石相比，铁改性海泡石对 Cd 和 As 最大吸附量分别提高了 2.6 倍和 9.8 倍。

龙来寿先采用盐酸对海泡石进行酸改性，再采用化学沉淀法制得粉末状纳米磁性海泡石，最后在氮气氛围下，用硼氢化物还原法制备零价铁-磁性海泡石（功能化磁性海泡石），功能化磁性海泡石对土壤中 Cr(Ⅵ)、Pb(Ⅱ)、Cd(Ⅱ) 的最佳吸附 pH 值有所不同。在强酸性条件下，功能化磁性海泡石对 Cd(Ⅱ) 的去除效果较好，对 Cr(Ⅵ)、Pb(Ⅱ)、Cd(Ⅱ) 的吸附最佳 pH 值分别为 4、4、1。

在中性或弱酸性条件下，功能化磁性海泡石对污染土壤中 Cr(Ⅵ)、Cd(Ⅱ) 的去除效果不佳。功能化磁性海泡石投加量对污染土壤中 Cr(Ⅵ)、Pb(Ⅱ) 的去除率影响不大，但其对污染土壤中 Cd(Ⅱ) 的去除率影响较大。

黄湘云采用酸热活化、巯基有机化、羟基铁铝柱撑 3 种方法对天然海泡石进行改性，研究不同改性方法制备的海泡石对土壤中钒离子的吸附性能。结果表明，采用酸热活化、巯基有机化改性方法不会改变海泡石的结构，柱撑改性使部分羟基铁离子进入层间形成柱撑结构，使得海泡石层间距减小。添加不同改性海泡石的土壤体系对 V(Ⅴ) 的吸附能力强弱顺序为羟基铁铝柱撑改性海泡石＞酸热改性海泡石＞巯基改性海泡石，其最大吸附量分别为 2159.71mg/kg、1619.57mg/kg、936.57mg/kg。添加吸附剂的土壤对 V(Ⅴ) 的吸附在 1h 内达到最大，之后酸热改性海泡石、巯基改性海泡石体系保持稳定，而添加柱撑改性海泡石的土壤发生部分脱附现象，柱撑改性海泡石的稳定性较差。

5.1.2 水环境治理

水环境污染按污染物类型可分为物理性污染、生物性污染和化学性污染三类。物理性污染是指水中含有非溶解性的固体悬浮物，生物污染是指水体受细菌、藻类、霉菌、酵毒菌等微生物以及病毒、热源、各种浮游生物、寄生虫及虫卵的污染；化学性污染是由化学物质导致的水质污染，它又可分为无机污染、有机污染和复合污染。目前，海泡石研究主要集中于处理水体中的重金属、氮、磷、有机物和微生物等。

5.1.2.1 处理重金属

重金属（如含镉、镍、汞、锌等）废水是对环境污染最严重和对人类危害最大的工业废水之一，其水质、水量与生产工艺有关。废水中的重金属一般不能分解破坏，只能转移其存在位置和转变其物化形态。重金属废水处理是当今水处理研究的热点和难点，主要由金属冶炼、洗涤废水、矿山开采、金属加工、有色冶金等相关化工企业排污造成的。重金属废水常用的处理方法有化学沉淀法、电化学富集析出法、膜分离技术及吸附方法等。其中，吸附方法是重金属废水处理的新方法，在重金属废水处理中占据越来越重要的地位。由海泡石制成的吸附剂具有应用范围广、处理效果好、廉价高效等优点。

很多的重金属污染处置方法被开发出来，主要包括吸附、沉淀、生物处置、离子交换和膜分离等。对于一些重金属如 Co^{2+} 的吸附机理是基于海泡石中的 Mg^{2+} 与其进行了离子交换反应，因此吸附过程也可视为离子交换改性的过程。

进一步的试验表明 Co^{2+} 对海泡石的附着属于主动进行的物理吸附过程。

于生慧对比了有机改性和酸活化海泡石对重金属吸附的影响，发现这两种改性意义不大，甚至对铅、镉、锶、钴等离子的吸附效率不增反降。基于以上问题，将海泡石先原位酸浸，再碱浸，获得了 $SiO_2\text{-}Mg(OH)_2$ 材料，该材料制备工艺简单，无需改性，相比原海泡石，复合材料对 $Gd(Ⅲ)$、$Pb(Ⅱ)$ 和 $Cd(Ⅱ)$ 具有很大的去除容量和数量级的吸附提升。

谢婧如利用巯基乙酸对天然海泡石进行改性，向海泡石中引入巯基基团，改性海泡石的表面变得更加光滑，杂质减少，空隙增多，结构更加疏松，带有更多的负电荷，有利于提高其对 $Hg(Ⅱ)$ 的吸附能力。当巯基改性海泡石用量为 15g/L 时，$Hg(Ⅱ)$ 的最大去除率为 93.67%。改性海泡石对 $Hg(Ⅱ)$ 的最大吸附量为 3.256mg/g，是物理吸附和化学吸附共同作用的结果，但以物理吸附为主。

梁学锋采用高速剪切凝胶法和有机溶剂加热回流接枝法制备巯基修饰海泡石。表面修饰过程在海泡石纤维表面嫁接有机官能团，导致其浸润特性由表面亲水转换到巯基修饰海泡石的表面疏水。表面修饰引起材料的比表面积减小，但相比天然海泡石，表面修饰接枝巯基后，对 Pb^{2+} 和 Cd^{2+} 吸附量明显增加。原始海泡石对 Pb^{2+} 和 Cd^{2+} 的饱和吸附量分别为 0.30mmol/g 和 0.13mmol/g。其中高速剪切凝胶法制备的改性海泡石和有机溶剂加热回流接枝法制备的改性海泡石对 Pb^{2+} 的吸附量分别提高了 84.23% 和 36.74%，同时其对 Cd^{2+} 的吸附量增加 130.98% 和 57.75%。

李秀玲采用热处理法制备了海泡石吸附剂，研究其对含镍模拟废水的吸附及再生性能。采用离心-热处理制备的海泡石吸附剂，其结晶度较好，表面含有羟基、硅羟基等多种官能团，对废水中的镍有很好的吸附性能。海泡石吸附剂在最佳工艺条件下对废水中镍离子的吸附率可达 97.33%。草酸是络合剂，可以与镍离子发生较强的络合作用，将海泡石吸附的镍离子解吸出来，用草酸对吸附后的海泡石进行再生处理，经 3 次吸附-再生循环后，海泡石矿粉对镍离子的去除率仍维持在 94.44%。

于生慧首先用酸改性手段浸出海泡石结构中的镁，再通过碱处理制备出含镁的纳米复合材料，镁离子和碱反应被负载在原材料表面，以吸附态或/和非晶 $Mg(OH)_2$ 的形式与非晶二氧化硅结合，形成了一种新的纳米含镁复合材料。基于海泡石制备的含镁纳米复合材料对 $Cr(Ⅲ)$ 表现出优异的去除性能，其对 $Cr(Ⅲ)$ 的最大去除容量约为 411.1mg/g，远大于海泡石原样对 $Cr(Ⅲ)$ 的去除容量（2.8mg/g），去除容量提升了约 147 倍。

5.1.2.2　处理氮磷废水

氮磷是水体中的营养素，氮磷含量过高会导致水富营养化，水生植物和藻类大量繁殖，致使水体透明度下降、溶解氧降低、水质变化、鱼类及其他生物大量死亡。海泡石是一种天然矿物吸附剂，具有廉价易得、环保无污染等特点，低品位海泡石结构中的大量金属阳离子也可以促进氨氮的离子交换。

有研究者将包括海泡石在内的六种黏土矿物（蛭石 Ver、蒙脱石 Mt、坡缕石 Pal、海泡石 Sep、高岭土 Kaol、埃洛石 Hal）直接用作吸附剂，以研究其吸附 NH_4^+ 的情况。通过研究发现，海泡石的主要附着机理正是利用了其天然而独特的阳离子交换能力。另外，海泡石表面呈负电、表面吸水特性以及表面形貌等也有利于 NH_4^+ 的吸附。但天然海泡石脱氮除磷效率较低，通过稀土金属离子对海泡石进行改性可以提高氮磷去除率。结果如图 5-3（见文后彩插）。

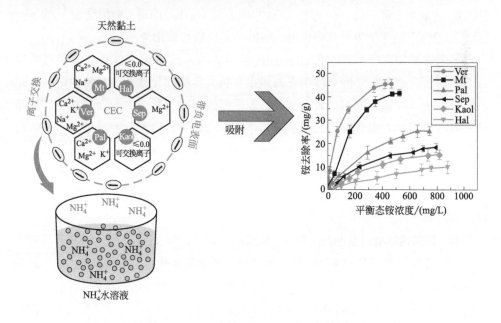

图 5-3　六种天然黏土矿物 NH_4^+ 吸附等温线

代娟采用盐热和稀土掺杂制备复合改性海泡石，研究了复合改性海泡石对废水中 N、P 的吸附特征和去除效果，结果见表 5-2。由表 5-2 可知，与海泡石原矿粉比较，盐热改性海泡石的脱氮能力提高 36.48%，除磷能力基本没有变化；稀土改性海泡石的脱氮能力提高 32.85%，除磷能力提高 90.48%；复合改性海泡石的脱氮除磷效果最好，复合改性海泡石的脱氮能力提高 49.71%，除磷能力提高 90.14%。用 NaOH 溶液处理达到吸附平衡的复合改性海泡石得到再生吸附材料，再生次数以 2 次为宜；用复合改性海泡石处理二级生化污水中的 N、P，去除率分别达到 68% 和 98% 以上，出水中氨氮和总磷浓度、pH 值均达到《城镇污水处理厂污染物排放标准》的要求。

表 5-2　4 种材料的脱氮除磷效果

项目	海泡石原矿粉	盐热改性海泡石	稀土改性海泡石	复合改性海泡石
N 去除率/%	26.75	63.23	59.60	76.46
P 去除率/%	9.16	9.51	99.62	99.30

5.1.2.3　处理有机废水

单独使用海泡石处理有机废水难度较大，但是由于海泡石具有大的比表面积，吸附性和稳定性强，因此可用作有机物催化降解剂的载体，代表性材料为光催化有机物降解材料二氧化钛和强还原有机物降解材料零价铁，零价铁还可通过吸附、还原和共沉淀反应处理重金属。

基于某种海泡石的阳离子交换容量（CEC）为 30mmol/100g，通过添加 1～2倍 CEC 值的阳离子表面改性剂十四烷基三甲基溴化铵（TTAB）、十六烷基三甲基溴化铵（CTAB）和十八烷基三甲基溴化铵（OTAB），获得了有机改性的海泡石杂化材料 TTAB-Sep、CTAB-Sep 和 OTAB-Sep。通过这类改性海泡石处理有机模拟废水，研究发现，随着改性剂烃链的增加，有机杂化海泡石的比表面积和孔体积均有较大的提升，疏水/亲油能力大幅提升。疏水性越好的海泡石杂化材料吸油能力越强，所得材料可循环使用 5 次以上。改性效果如图 5-4（见文后彩插）。

图 5-4　不同接触时间的有机海泡石去除模拟废水图

（试验条件：油初始浓度 1800mg/L，吸附剂用量 7g/L，20℃时初始 pH＝6）

二氧化钛（TiO_2）因具有较高的化学稳定性、光敏性而作为一种良好的光催化材料，可用于光催化降解甲醛等空气污染物、降解印染废水中的有机物、光催化制氢等领域。海泡石可作为二氧化钛的载体，提高负载型二氧化钛光催化剂的吸附性，改善二氧化钛的分散性。由于海泡石强吸附性和二氧化钛高催化活性之间的协同效应，在光催化降解有机污染物方面展现了优异的性能。

刘蕊蕊通过简单的溶剂热法在十六烷基三甲基溴化铵的辅助下在醋酸-水溶剂体系中合成了具有暴露（001）和（101）晶面的新型复合凝胶，实现了高活性 TiO_2 纳米单晶在海泡石纳米纤维上的均匀分散。溶剂热法与水解沉淀法制备海泡石负载 TiO_2 光催化材料相比，易于调控 TiO_2 的形貌和晶粒尺寸。制备的复合凝胶通过紫外-可见光照射 40min，可实现甲基橙的完全去除。其优异的光催化性能可归因为以下几点：①独特的三维网络结构有利于光的反射和折射，大大提高了光的利用率；②纤维状海泡石的大表面积和高孔隙率，为甲基橙的吸收提供了更多的活性位点；③（001）和（101）晶面之间形成的晶面异质结，促进了光生电子和空穴对的有效分离，进而提高了光催化性能。

李艳采用静电自组装制备海泡石负载纳米 TiO_2 复合光催化材料：将海泡石矿物粉体在一定温度条件下进行硅烷偶联剂干法改性，然后将基质浸入偶联剂溶液中以制备自组装单层的传统方法，采用巯基硅烷偶联剂对海泡石进行干法改性，采用氧化剂将巯基基团氧化为磺酸基基团，使海泡石表面带负电，与钛聚合阳离子之间在静电引力的作用下自发地组装在一起，经一定温度的焙烧得到海泡石负载纳米 TiO_2 复合材料。其扫描电子显微镜测试结果如图 5-5。静电自组装方法（ESAM）在 300℃焙烧下，偶联剂用量为 6%（质量分数）的制备条件下得到的样品对甲基橙溶液的脱色效果最佳，对甲基橙溶液的脱色效果在光照 1h 后达到 88.07%。静电自组装方法制备的材料具有更好的稳定性和可循环利用性能，连续重复使用 5 次时，静电自组装方法制备的光催化材料对甲基橙溶液的脱色效果比传统方法制备的材料高 26%以上。

徐永花采用水热-粉体烧结法制备海泡石/TiO_2 光催化剂，再用敏化剂曙红 Y 对制备的光催化剂进行敏化，用制备的光催化材料对结晶紫溶液进行降解脱色试验。试验表明，敏化过的海泡石/TiO_2 光催化剂对结晶紫的脱色率与反应时间和催化剂的加入量有关，在反应时间为 400min 时，反应基本达到平衡，对于结晶紫的最大脱色率为 60.97%，与未敏化的海泡石/TiO_2 相比，其对结晶紫的脱色率提高了 14%。

张天永采用混合焙烧方法制备海泡石/TiO_2 光催化剂，以工业品锐钛矿为

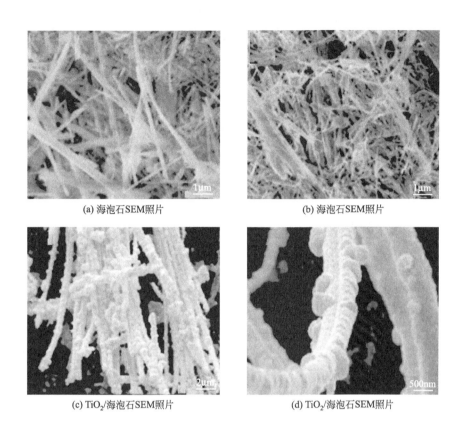

(a) 海泡石SEM照片

(b) 海泡石SEM照片

(c) TiO₂/海泡石SEM照片

(d) TiO₂/海泡石SEM照片

图 5-5　海泡石及 TiO₂/海泡石的扫描电镜图

TiO$_2$ 源，将一定量的锐钛矿加入去离子水中制得 TiO$_2$ 悬浮液，再超声分散，然后加入经过酸处理后的海泡石继续超声分散，试样烘干后，在 300℃下焙烧制得海泡石/TiO$_2$ 光催化剂。用该催化剂对水溶液中邻苯二甲酸二乙酯（DEP）的光催化降解行为进行研究表明，催化剂的用量和 TiO$_2$ 的负载量对 DEP 的光催化氧化降解都有影响，TiO$_2$ 的负载量对催化剂催化活性有较大影响，用量为 2g/L和 4g/L 时，TiO$_2$ 负载量的较佳值均为 5％。

　　纳米零价铁具有独特的性能，可通过还原、吸附、催化等方式将污染物去除，在环境污染修复中显示出独特的优势，近年来越来越受到人们的关注。与普通的铁屑和铁粉相比，纳米零价铁的比表面积和反应活性更大，且具有还原性强、反应速度快等特性，逐渐成为水体修复领域一种颇具潜力的新材料。但在纳米铁的实际应用中依然存在一些问题，如纳米铁活性高、还原性强的特点，其表面易被氧化、高表面能使其易团聚等。为克服纳米铁的这些缺陷，研究者们尝试利用天然多孔材料等负载纳米铁，以制备出稳定性强、分散性好、活性高的负载型纳米铁。海泡石是一种纤维形态的富镁硅酸盐黏土矿物，具有大的比表面积，还有多孔、热稳定性好、耐酸碱等性能，使其成为良好的载体。

刘玉茹以酸改性处理后的海泡石作为载体，制备海泡石负载型纳米铁材料，纳米铁粒子呈深黑色球状，大小均匀，直径大约在 50～200nm 左右。结果表明在不同的纳米铁投加量、不同底物浓度或不同的初始 pH 值下，水中六氯丁二烯都能在 10min 内快速去除，去除率达 70％以上，并且最终均可达到 95％左右，且酸性环境下六氯丁二烯的去除效果最好。

徐柳成功制备出海泡石零价铁纳米复合材料 S-nZVI，TEM 表征结果表明，负载型纳米铁呈深黑色均匀球状，并以枝状相连负载于海泡石上，其粒径在50～120nm 范围内。分散性研究表明，负载型纳米铁的分散性明显优于普通纳米铁，说明海泡石负载增强了纳米铁的抗团聚性能，有效提高了纳米铁的分散性。负载型纳米铁对三氯乙烯（TCE）去除试验表明：海泡石负载提高了纳米铁的稳定性，如图 5-6，使负载型纳米铁具有一定的抗氧化性；海泡石负载太少会导致纳米铁的稳定性不足，而负载量过高会阻碍纳米铁与 TCE 接触，如图 5-7；负载型纳米铁投加量的增加，虽有利于去除 TCE，但不能成比例地提高去除率，如图 5-8；在负载型纳米铁投加量一定的情况下，TCE 去除率与 TCE 的初始浓度成反比，而且趋势越来越明显，如图 5-9；偏酸性条件有助于负载型纳米铁对 TCE 的去除，如图 5-10。

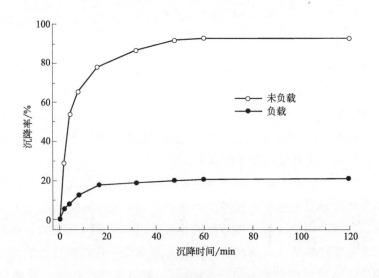

图 5-6 纳米铁静态沉降

海泡石矿物材料：加工·分析·设计·应用

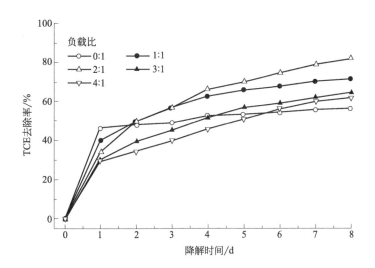

图 5-7 海泡石负载量对 TCE 去除的影响

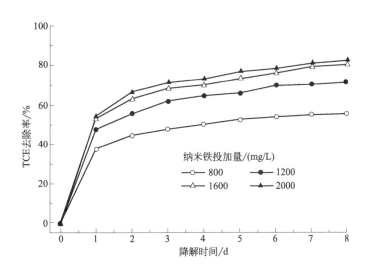

图 5-8 纳米铁投加量对海泡石负载型纳米铁去除 TCE 的影响

母娜以盐酸改性后的海泡石为载体，制备出海泡石-零价铁复合材料，该材料有较大的比表面积和较多的反应活性点，对水相中的十溴联苯醚（BDE-209）具有较好的去除效果。试验表明：在一定范围内，随着海泡石负载型 nZVI 投加量的增大，BDE-209 的去除率增加；随着 BDE-209 的初始浓度增加，等投加量的海泡石负载型 nZVI 去除 BDE-209 的效率会降低；随着温度的升高，BDE-209

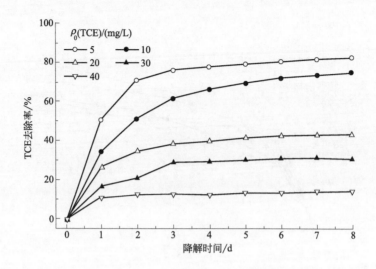

图 5-9　TCE 初始浓度对 TCE 去除的影响

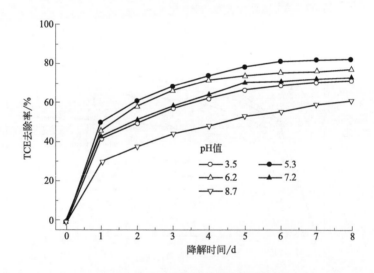

图 5-10　初始 pH 值对 TCE 去除的影响

的去除率有所增大；一定范围内，酸性条件有利于 BDE-209 的降解。制备的海泡石负载型 nZVI 对土壤中的 BDE-209 具有一定的去除效果，在一定范围内，随着海泡石负载型 nZVI 投加量的增大，BDE-209 的去除率增加；一定范围内，酸性条件有利于 BDE-209 的去除；减少土壤中有机质的含量能够提高海泡石负载型纳米零价铁对 BDE-209 的去除率。

在污水治理中，印染废水具有数量庞大、色度深、有机物含量多、有毒等特点，具有有机物水污染的显著特点，因此，印染废水也是实验室水处理试验的主要目标废水。近年来各种新型染料废水治理技术不断发展，其中吸附法因其设计和处理费用不高、工艺简单、效率较高等特点，成为了印染废水治理的主流技术之一。

刘莹用多巴胺对海泡石进行初步改性，再采用磁改性的方法使海泡石材料表面成功负载了多巴胺及 Fe_3O_4（PDA@ Sep/Fe_3O_4），复合材料在 pH＝10、45℃时对亚甲基蓝吸附量可达到 749.14mg/g；用无水乙醇解吸复合材料上的亚甲基蓝分子，循环使用 5 次后，复合材料对亚甲基蓝的去除率仍在 50％以上。复合材料对亚甲基蓝的去除是多种吸附共同作用的结果，但化学吸附占主要作用。

罗丹明 B 是一种典型的碱性染料，其三苯甲烷分子结构在环境中很难去除。许朋朋比较了未改性海泡石、酸改性海泡石、聚乙烯吡咯烷酮（PVP）改性海泡石与十二烷基磺酸钠（SDS）改性海泡石对罗丹明 B 的吸附效果，试验表明，吸附能力 SDS/海泡石吸附量＞酸改性海泡石吸附量＞PVP/海泡石吸附量＞未改性海泡石，SDS/海泡石改性对应的罗丹明 B 的去除率达到了 92％，最大吸附量达到了 12.30mg/g。比表面积分析显示，SDS 海泡石在粒径和酸改性海泡石相差不多时，SDS/海泡石的比表面积和孔容积都比酸改性海泡石的比表面积、孔容积大一些。SEM 分析显示，SDS/海泡石将原来的管道晶体结构改变成板状晶体，并有部分颗粒负载在板状晶体表面。SDS/海泡石对罗丹明 B 的吸附过程是以化学吸附为主的，结合物理吸附的表面单层吸附。

孔雀石绿是一种具有金属光泽的翠绿色结晶体，又称孔雀绿、碱基绿，属于三苯甲烷类染料。极易溶于水，水溶液呈现蓝绿色，是一种严重的工业废水污染物。张丽蓉采用阴离子表面活性剂十二烷基苯磺酸钠对海泡石原矿进行表面有机改性，研究十二烷基苯磺酸钠改性海泡石对染料孔雀石绿的吸附。试验表明，当阴离子表面活性剂十二烷基苯磺酸钠浓度相当于 100％海泡石原矿离子交换容量、pH 值为 9、时间 60min 时对海泡石改性效果较好，在最佳吸附条件下对孔雀石绿脱除率可达 98％。吸附饱和后的有机海泡石能够通过盐酸溶液进行再生，一次再生后对孔雀石绿的脱色率依旧可达到 70％ 左右。有机改性海泡石对孔雀石绿的吸附并不是单一的以化学或者物理吸附过程，而是物理化学吸附共同作用的结果。

李计元以十六烷基三甲基溴化铵改性海泡石为吸附剂对甲基橙模拟印染废水的吸附性能进行研究。十六烷基三甲基溴化铵是一种表面活性剂，它可将海泡石表面由疏有机物状态变成亲有机物状态，因此会提高海泡石对有机染料的吸附能力。先将海泡石进行酸活化，再用十六烷基三甲基溴化铵对酸活化海泡石进行改性制备有机海泡石。甲基橙初始浓度为 100mg/L，吸附 120min 时，在有机海泡石吸附甲基橙的最佳工艺参数条件下，甲基橙的去除率在 80% 以上。

Wang 等采用共沉淀法合成了硅烷改性磁性的 γ-Fe_2O_3/Sep-NH_2 复合材料，该材料可通过加入外在磁场进行固液分离，同时将该材料用于有机染料刚果红（CR）的吸附，使用后的材料可在 0.1mol/L 的 NaOH 溶液中再生，并循环使用，重复使用 10 次后，复合材料的吸附量仍保持在 113.6mg/g，如图 5-11 和图 5-12。

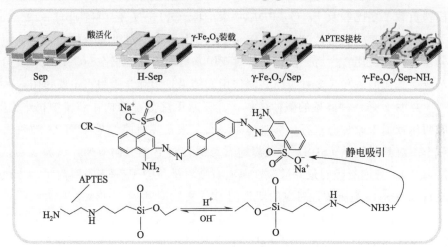

图 5-11　γ-Fe_2O_3/Sep-NH_2 复合材料的合成路线及吸附/解吸机理示意图

APTES—3-氨丙基三乙氧基硅烷

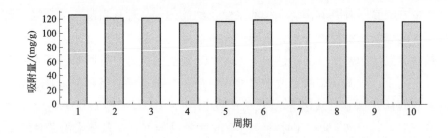

图 5-12　γ-Fe_2O_3/Sep-NH_2 再生后十次循环对 CR 的吸附/解吸效率

含油废水是一种常见的工业废水，在石油开采、石油炼制、石油化工、机械加工以及食品加工等行业每年都要产生大量的含油废水。由于含油废水难处理、来源广，一直是生态环保、化工等交叉领域的难点问题。每年大量的含油废水从工厂排放到江河湖海等水系，会对环境和生物产生严重负面影响。海泡石有优异的吸附性能，近年来国内外研究海泡石活化改性后作为新型吸附剂材料，用于含油废水的处理。

林鑫以海泡石粉末为原料，对其进行热活化处理，考察了焙烧温度、焙烧时间、吸附剂用量、废水初始 pH 值、温度等对模拟含油废水 COD 去除效果的影响。海泡石经热活化后，比表面积有所提高，对模拟含油废水中 COD 的去除效果良好，对模拟含油废水中 COD 的吸附等温线符合 Freundlich 模型。

　　仇萌胜选择聚氨酯海绵作为基体，以十八烷基三甲基溴化铵（OTAB）和十八烷基三氯硅烷（OTS）超疏水改性的海泡石作为涂层材料，通过仿生原理制备得到具有超疏水/超亲油特性的三维多孔材料，达到高效去除水面浮油的目的。利用聚氨酯海绵基体的三维多孔结构和弹性性能，使得该负载海绵具有快速吸油、高吸油容量、高分离效率、高油水选择性、可快捷回收油品、材料循环利用等特性。该复合材料对原油、正己烷、十六烷、豆油四种油水混合物的初次分离效率都在99.66%以上，分离后水中油品残余量也都在 34mg/kg 以下，具有较高的油水分离效率。在材料的循环使用过程中，其分离效率随着循环次数的增加有所降低，但在10 次循环后其分离效率仍高于 99.45%，油品残余量也在 55mg/kg 以下。

　　李云飞选择三种具有较长烷基链的阳离子表面活性剂十四烷基三甲基溴化铵、十六烷基三甲基溴化铵和十八烷基三甲基溴化铵，用于天然海泡石的表面有机改性，通过烷基链之间的相互作用使其表面的亲水性减弱，开始向疏水性转变，以去除模拟驱采出水中的乳化油。在初始含油量 1800mg/L、初始 pH＝6、反应温度 60℃时，有机海泡石对乳化油的去除效率高达 98%～99%，且经过 5次循环再生试验后，有机海泡石依然保持较高的去油效率，表现出优异的去油效果和回用效果。

5.1.2.4　处理微生物废水

　　吴春笃利用海泡石、膨润土等黏土改性壳聚糖制备生态絮凝剂是絮凝剂的发展方向，吴春笃等以苏州艺圃园林景观水为例，研究了两种改性絮凝剂的絮凝效果。苏州艺圃园林景观水内藻类以绿藻（chlorphyta）为主，以浊度大小设定正交试验，试验证明海泡石、膨润土均对壳聚糖絮凝产生矾花的密实度并对分形维数有明显的增强效果，克服了壳聚糖分子量较小、吸附架桥能力差、矾花不够密实的缺点。在最优条件下，这两种改性后的絮凝剂可使水样浊度降至 5NTU（散射浊度单位）以下，叶绿素 a 的去除率达 93%以上，明显好于单独使用壳聚糖絮凝剂的情况。

　　骆灵喜等采用天然无毒的壳聚糖改性海泡石作为絮凝剂去除微囊藻，考察不同投加量的壳聚糖改性海泡石的絮凝除藻效果，并通过低强度超声波（功率为40W、作用时间为 10s）强化絮凝除藻试验。结果表明：采用壳聚糖改性海泡石去除微囊藻的最佳投加量为 20mg/L；低强度超声波处理 10s 时对改性海泡石去除微囊藻的强化效果最佳，微囊藻液浊度和藻细胞的去除率分别提高了 34.95％和 32.58％；低强度超声波对微囊藻的生长和细胞形态结构无显著影响，但可显著提高微囊藻细胞的沉降性能，从而有利于对藻细胞进行絮凝沉降去除。本研究可降低除藻药剂投加量，有助于开发一套更环保、经济和高效的除藻方法。

5.1.3 气体治理

自然界中有害气体种类繁多，包括一氧化碳、氮氧化物、烃类化合物、硫氧化物、烟尘、挥发性有机物（VOCs）等。海泡石对恶臭气体或有害气体均具有良好的吸附性，广泛应用于干燥剂、吸附剂和除臭剂中。经酸改性的海泡石对 NH_3、Cl_2、H_2S、SO_2、HCl 有很强的吸附性，其吸附能力为 $HCl>Cl_2>SO_2>NH_3>H_2S$。改性的海泡石加入一定量的活性炭是卷烟过滤嘴的理想原料，可以吸附烟雾中的 CO、CO_2 等小颗粒和去除危害人体的腈、丙酮和丙烯醛等气态的极性化合物。

5.1.3.1 吸附有机物

甲醛是一种有机化学物质，化学式是 $HCHO$ 或 CH_2O，是无色有刺激性气体，对人眼、鼻等有刺激作用。世界卫生组织国际癌症研究机构公布的致癌物清单中，将甲醛放在一类致癌物列表中。

贺洋对湖南低品位海泡石进行提纯、均化、乙酸活化等处理制备了超细海泡石粉作吸附材料。该材料具有较大的比表面积和表面活性，有较高的吸附性能。海泡石吸附材料的添加量为 20g 时，2h 时对甲醛吸附基本达到平衡，之后吸附量增加不明显，最大吸附量约为 60.8mg/g；当吸附时间为 2.5h 时，材料对氨的吸附基本达到平衡，氨的最大吸附量约为 90.4mg/g。表明该吸附材料对氨、甲醛等气体具有较好的吸附作用。

高轩通过加热回流的方法成功地将 3-氨丙基三乙氧基硅烷负载在海泡石表面获得了 APS/Sep 复合材料，最佳工艺条件下，3-氨丙基三乙氧基硅烷负载量为 0.4g/g。甲醛初始浓度为 $10mg/m^3$，吸附剂用量为 5g，吸附材料对甲醛的吸附在 8h 时基本达到平衡，甲醛的去除率可达 96.36％，制备的 APS/Sep 最大单位甲醛吸附量为 $413.2\mu g/g$。

刘蕊蕊在四氯化钛-硫酸铵-氨水-海泡石体系中，采用水解沉淀法合成了紫外/自然光响应的 TiO_2/海泡石光催化材料。催化剂表面存在大量吸附位点和羟基自由基，对甲醛有很有的吸附性能和降解性能，可以有效地将甲醛分解为 CO_2 和 H_2O，对甲醛最大降解效率为 88％，在紫外光照射下 4 个循环后仍然表现出良好的催化性能。TiO_2/海泡石复合材料的优异性能主要归因于海泡石纳米纤维

与 TiO_2 纳米粒子之间的协同效应，即海泡石纤维的高孔隙率、TiO_2 纳米粒子的高分散性以及 TiO_2 负载后比表面积显著增加。

苯系物为芳香族有机化合物，为苯及其衍生物的总称，是人类活动排放的常见污染物，苯系物主要包括苯、甲苯、乙苯、二甲苯、苯乙烯、苯酚、氯苯、硝基苯等，多数苯系物（如苯、甲苯等）具有较强的挥发性，有毒性，对人体的血液、神经、生殖系统具有较强危害。苯系物的来源广泛，比如汽车尾气、建筑装饰材料中有机溶剂（如油漆的添加剂）、日常生活中常见的胶黏剂、人造板家具等都是苯系化合物的污染来源。海泡石是一种环境友好的黏土类吸附材料，具有较大的比表面积和较强的吸附能力，被广泛应用于室内空气污染物治理，其特点是反应速度快、成本低、无二次污染等。

方佳浚对提纯海泡石进行了水热改性、酸改性和水热酸浸联合无机改性，而后进行三甲氧基苯基硅烷（PTMOS）有机改性。试验表明，海泡石原矿对苯的去除率较低，仅为 14.40%，海泡石经水热处理后，对苯的去除率有小幅增加，为 17.40%，海泡石经 10% 稀盐酸活化后对的苯去除率也有小幅增加，其去除率为 17.17%，海泡石先经过 0.6MPa 水热处理 6h 后再经 10% 稀盐酸酸浸，联合处理后的海泡石比表面积大幅增加，达到 250m^2/g，孔容也有一定程度增加，平均孔径大幅减小，对苯的去除率达到 24.82%。用水热和酸联合活化的海泡石为原料，用 PTMOS 对海泡石进行表面有机改性，得到的海泡石对苯的去除率较原矿提高 159.03%，有机无机联合改性的海泡石吸附效果比其他工艺要好。

$AgNbO_3$ 是一种可见光光催化剂，掺杂一定量的 Co^{2+}，可显著提高 $AgNbO_3$ 的光催化效率。马影将硝酸银（$AgNO_3$）和五氧化二铌（Nb_2O_5）按照一定比例混合，经研磨、焙烧后制得 $AgNbO_3$ 光催化剂，再将 Co^{2+} 掺入 $AgNbO_3$ 中制得 Co^{2+}/$AgNbO_3$ 光催化剂。以盐酸改性后的海泡石为原料，将 Co^{2+}/$AgNbO_3$ 加入改性海泡石中，浸泡，加热，磁力搅拌再干燥得到 Co^{2+}/$AgNbO_3$/改性海泡石新型复合材料。当甲苯初始量为 50μg/g，投加 1g 复合材料，Co^{2+}/$AgNbO_3$ 质量比为 30% 时，2.5h 对甲苯的去除效果最佳，高达 87.876%。

挥发性有机物简称 VOCs，对环境和人类造成了很大的影响，由于海泡石具有特殊的孔结构和大的比表面积，可作为 VOCs 的吸附剂；同时，海泡石也可以负载贵金属或过渡金属催化剂实现 VOCs 的降解。

5.1.3.2　固碳

由于海泡石具有较大的比表面积，因此具有较好的二氧化碳捕集潜力。胺修饰海泡石是一种二氧化碳捕集材料，Irani 等用固定化四乙基五胺（TEPA）获得

了酸处理的纳米海泡石。用 2mol/L HCl 改性黏土矿物 15h，产品在 100℃下过

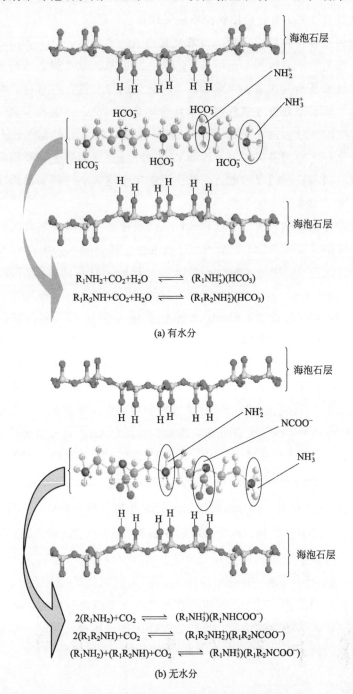

(a) 有水分

(b) 无水分

图 5-13　有水分和无水分的海泡石 CO_2 捕捉机理

海泡石矿物材料：加工·分析·设计·应用

滤、洗涤、干燥；确定其比表面积为 $272.4m^2/g$。采用湿法浸渍制备了 TEPA 含量（质量分数）分别为 30%、40%、50%、60% 和 70% 的海泡石/TEPA 吸附剂。吸附试验在 60℃、氮气中含有 1% CO_2 和 1% H_2O 的气体混合物中进行，流速为 300mL/min。在 TEPA 含量为 60% 的样品上获得了最佳的吸附性能。在 60℃ 以下的吸附过程主要与气体分子在吸附剂中的扩散有关，而在较高温度下，胺类吸附位点变得更容易获得，导致 CO_2 的吸收最高。可能的 CO_2 捕捉机理如图 5-13。

Vilarrasa-García 等揭示了微波处理下海泡石在二氧化碳吸附试验中的效果。将海泡石用 0.2mol/L HNO_3 在 800W 微波条件下处理 2min、4min、8min 和 16min。洗涤、离心和干燥的样品用 20%～60% 的聚乙烯亚胺（PEI）浸渍。分别在 25℃、45℃ 和 65℃ 下，用连接气体混合加药装置的 Rubotherm 磁悬浮天平测量材料的吸附量。结果表明：改性提高了海泡石的吸附能力，PEI 浸渍样品在 8min 辐照后，矿物含量为 30% 时，吸附容量最高。

Ouyang 等以改性海泡石作为 SiO_2 的来源，用于纳米线的合成，进一步应用于二氧化碳捕集。用 2mol/L、4mol/L、5mol/L 盐酸在 60℃ 下酸处理 6h，在 80℃ 下过滤、洗涤和干燥。最后用三乙基四胺、乙二胺、四乙基五胺、3-氨丙基三甲氧基硅烷和聚乙烯亚胺对样品功能化。使用热重分析仪衡量材料的吸附能力。结果表明：75℃ 下，采用 TEPA［负载率为 50%（质量分数）］，总气体流速为 100mL/min（其中 CO_2 和 N_2 流速比为 3∶2）时，材料最佳的 CO_2 吸附量为 3.7mmol/g，经 10 次吸脱附后，吸附量仍保持在 3.6mmol/g。结果证实了 CO_2 的吸附是物理和化学反应的结合。

5.2

建筑材料领域

黏土是人类历史上一种非常重要的建筑材料，自古以来，人类就有筑土垒石的造房方式。直到硅酸盐水泥的发明，仍然可见黏土的身影。1756 年，英国普利茅斯港口的一个灯塔失火，政府命令技师史密顿重建新灯塔。史密顿首先集中石灰岩焙烧水泥。可是送来的却是黑色的质劣石灰岩。当时，只有白质的石灰岩才被认为能制出优等水泥，史密顿尝试了黑色水泥后发现，这远比用纯白的石灰岩烧制出来的水泥好得多。经过分析后发现，这种黑色石灰岩里含有黏土成分。进一步的研究表明，黏土含量 6%～20% 的石灰岩是焙烧水泥的最佳原料。

随着对黏土资源的越发重视，传统的黏土砖（俗称红砖）已经逐渐退出了建材舞台，但黏土矿物以其独特的性能正逐渐成为特种和新型建材的关键填料。

Jiang 测试了以石膏为基础的水泥材料、活性海泡石粉为调湿介质的几种调湿材料的吸脱附性能。绘制了吸湿/解吸动力学曲线，验证了其在自然环境中的控湿性能。试验结果表明，材料的吸湿/解吸速率提高，吸湿速度加快。说明海泡石是一种具有良好的湿度控制性能的新型材料，能有效地调节环境湿度。

Miao 等基于对窑洞冬暖夏凉性能的研究基础上，利用河床沉积物合成了一种湿度自调节材料。在水热条件下可以得到一种坚韧多孔的建筑材料，水热过程中形成的托贝莫来石可以提高试样的强度和孔隙率。当 CaO 与 SiO_2 的摩尔比分别为 0.4 和 0.8 时，固化沉积物的吸湿/脱湿能力明显增强。加入海泡石后，进一步提高了吸湿/解吸和调湿能力。与未添加海泡石的情况相比，添加质量分数为 30% 的海泡石后，吸湿/解吸量增加了近 2 倍，相对湿度变化降低了 1/2。因此，水热固化河床底泥可作为城市窑洞调湿建筑材料，既能提高舒适性，又能节约能源和资源。

海泡石可增加水泥浆的触变性，研究了海泡石对阴离子聚丙烯酰胺絮凝不同纤维增强水泥浆体的影响。结果表明，海泡石可以提高纤维-水泥悬浮液中絮团的粒径和稳定性。海泡石与聚丙烯酰胺的相互作用改善了矿物颗粒的絮凝。研究了流变级海泡石对纤维水泥悬浮液絮凝、滞留和排水的影响。结果表明，海泡石可用于制造纤维水泥，提高固体留固率和排水率，特别是在含有聚乙烯醇纤维的混合物中。在纤维水泥浆中加入海泡石可以改善阴离子型聚丙烯酰胺诱导絮凝体的稳定性。利用海泡石制造屋顶瓦楞无石棉纤维增强用水泥，增加了矿浆脱水过程中的固体滞留率，提高了经济价值。在含有黏土的泥浆中，即使没有聚丙烯酰胺，也可以使用海泡石来提高留固率。海泡石还改善了板材的湿度，这有助于改善工艺中的层间粘接，防止板材在生产中损坏。

为了优化纤维-水泥片材中的 $Mg-SiO_2$ 胶凝体系，分析了海泡石在纤维水泥中的加入情况，引入海泡石对水泥进行少量置换（1% 和 2%，质量分数），然后研究其在硬化水泥浆体和纤维-水泥体系中的效果。结果表明，海泡石的加入增加了 $MgO-SiO_2$ 体系的絮团粒度。最后，进行了弯曲试验，证明海泡石改善了产品的均匀性，这对工业应用至关重要。

建筑节能的关键是如何使外墙具有良好的保温性能，减少建筑外围结构的热损失，开发新型外墙保温材料，有效实现节能。以粉煤灰、海泡石纤维、玄武岩纤维和水泥为原料，制备了一种新型复合硅酸盐保温材料。研究发现，这种复合硅酸盐外墙保温材料利用一些废弃资源，帮助建筑外墙储存热能。制备工艺简单，保温性能好，机械强度高，具有一定的推广价值和应用前景。

定向刨花板等工程木制品的一个问题是，原料的热导率低，阻碍了热量快速传递到复合材料毡芯。研究了纳米级海泡石（长径比 1：15）与脲醛树脂混合后对板材热导率的影响。将 10％的海泡石与脲醛树脂混合 20min，然后在转鼓中喷到木条上，制造出两种树脂含量（8％和 10％）的定向刨花板。结果表明，10％树脂含量的海泡石处理板的芯温度高于 8％树脂含量的海泡石处理板。研究还发现，海泡石的加入使树脂含量为 8％和 10％的定向刨花板的热导率分别提高了36％和 40％。海泡石的加入显著提高了渗透深度和硬度值，且硬度随海泡石含量的增加而增加。

Yan 等研究了粉煤灰-海泡石-偏高岭土地聚物的抗压强度、抗折强度、表面耐磨性、表面维氏硬度及微观结构演变规律，海泡石掺量为 0％、5％、10％、15％、20％。结果表明，不加海泡石地聚物养护的前 7 天，抗压强度显著提高，但随着养护龄期的增加，抗压强度降低。加入海泡石地聚物 7 天后，抗压强度显著增加。海泡石的最佳添加量为 10％，其对地聚物的抗压强度、抗弯强度、耐磨性和维氏硬度有明显改善效果。

5.3

生物医药领域

黏土自古以来就被用于制药。在中医典籍中，代表性的黏土矿物甘土，就是膨润土，具有解毒之功效，用于治疗食物或菌类中毒；蒙脱石被用于急慢性腹泻；不灰木具有清热、除烦、利尿、清肺止咳等功效，其成分为石棉，也可能含有海泡石。随着生物工程和制药工业的迅猛发展，对黏土矿物展开了更加系统性的研究并得到了更为广泛的应用。

5.3.1 抗菌

日常使用的抗菌剂大致可以分为三大类：天然抗菌剂、有机抗菌剂和无机抗菌剂。银系抗菌剂相比其他无机抗菌剂具有无法超越的抗菌能力，对细菌、真菌、霉菌都有强烈的抗菌作用，其抗菌谱广、持续时间长、安全无副作用，而且消耗量极少，被称为永久性杀菌剂。银系抗菌剂被日企广泛地应用于涂料、水处理、抗菌玻璃等诸多领域。

由于海泡石有较大的比表面积，力学性能和热稳定性良好，具有作催化剂载体的良好条件。利用内部具有孔洞结构的海泡石经酸改性后，牢固吸附 Ag、Ag/Cu 等金属离子，利用金属离子的杀菌能力，制备具有杀菌防霉作用的无机抗菌材料。

许小荣等以酸改性后的多孔海泡石为原料，用一定浓度的 $AgNO_3$ 溶液与酸改性海泡石在常温搅拌下进行离子交换反应，烘干、洗涤，再烘干、焙烧、研磨制备出负载 Ag 的海泡石抗菌剂。称取已经负载 Ag 的海泡石，再与 $Cu(NO_3)_2$ 或 $ZnSO_4$ 溶液进行交换，可制备 Ag/Cu 复合海泡石抗菌剂和 Ag/Zn 复合海泡石抗菌剂。对两种抗菌剂进行了抗菌性能测试，测试结果表明：复合抗菌剂比单负载银抗菌剂的抗菌性更好；海泡石负载 Ag/Cu 复合抗菌剂的杀菌效果最好。

吴生焘采用包覆法，以海泡石为无机核，对负载了纳米银后的抗菌粉进行硅胶包覆，制备 SiO_2@Ag/Sep 抗菌粉。首先，用十二烷基苯磺酸钠（SDBS）对海泡石进行改性，表面存在许多负电位点，有利于海泡石借静电引力吸附溶液中的银离子。再用硝酸银溶液与 SDBS 改性处理后的海泡石混合搅拌，在常温下吸附离心分离、干燥、焙烧，得到 Ag/Sep 抗菌粉。称取一定量 Ag/Sep 放于圆底烧瓶中，加入适量的去离子水搅拌，向混合物中逐滴添加一定量的正硅酸乙酯（TEOS），并同时加入适量的醋酸溶液，搅拌反应，离心分离，洗涤至中性，取固体干燥，最后得到 SiO_2@Ag/Sep 抗菌粉。此法制备的抗菌剂由于表面包覆了一层二氧化硅，可以隔绝外部环境对抗菌剂有效组分的影响，其耐酸、耐碱、耐有机溶剂的能力均有提高；抑菌试验表明，二氧化硅包覆不仅可以延缓抗菌活性组分的释放，还可以增加抗菌剂的抗紫外线辐射能力。另外，二氧化硅包覆还能提高材料的热稳定性和使用寿命。

同时采用微乳法制备纳米银抗菌剂，表面活性剂乳液自组装产生的"纳米水池"，以环己烷为油相，银离子水溶液和还原剂水溶液为水相，混合形成纳米粒子的反胶束微乳液，控制"纳米水池"大小即可控制纳米银粒子的尺寸，接着利用改性后的海泡石吸附溶胶中的纳米银粒子。取一定质量的表面活性剂琥珀酸二异辛酯磺酸钠（AOT），加入环己烷，高速搅拌。向瓶内滴加 $AgNO_3$ 溶液，继续高速搅拌一定时间，形成含有 $AgNO_3$ 的反胶束溶液 A。在同样条件下，制备含有水合肼的反胶束溶液 B。再将反胶束溶液 B 逐滴加入反胶束溶液 A 中，滴加完毕后继续搅拌使得胶束变为棕色。称取酸改性海泡石（AAS）常温搅拌吸附，使得纳米银（AgNPs）吸附在海泡石上，离心分离，取固体干燥、研磨、过筛得到纳米银/海泡石抗菌粉（AgNPs/AAS）。此法制备的抗菌粉具有强缓释性和使用寿命长的优点，还克服了有机抗菌剂的耐热性差、易水解、易挥发和高毒性等缺点，兼具了无机抗菌剂的安全性与耐热性。

5.3.2 生物工程

胆固醇氧化酶在由双层脂膜修饰的海泡石上负载时能够保持催化活性。相反，在十六烷基三甲基铵或杂化脂质辛基-半乳糖层的海泡石杂化膜上固定化后，胆固醇氧化酶活性显著降低，说明选择支撑的仿生脂质膜的重要性。这为以海泡石为基体制备选择性生物催化剂和敏感生物传感器提供了可能。组装在海泡石纤维外表面的双层脂膜示意图如图 5-14。

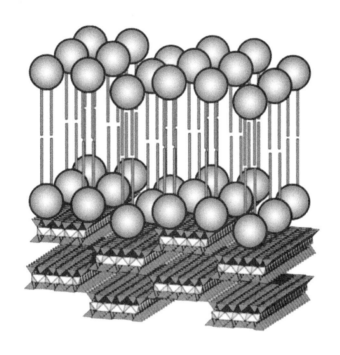

图 5-14 组装在海泡石纤维外表面的双层脂膜示意图

基因组工程是学术界和应用科学领域（如生物技术、生物医学和农学研究）重点关注和发展的学科。而基因组工程也是基因治疗的基础，旨在纠正内源性的、突变的、有缺陷的基因，使其恢复正常的生理功能。DNA 是承载遗传信息的中央生物分子，使遗传信息从一代传递到另一代。因此，通过提取和纯化DNA 并将 DNA 转移到活细胞的方法是生物技术和生物医学应用的关键问题。海泡石与 DNA 结合后的结构如图 5-15。研究还表明，海泡石纤维的外表面存在硅醇基（Si—OH），它们与 DNA 链上的氮基发生氢键键合作用。

海泡石能够结合不同种类的生物分子，包括多糖、脂类、蛋白质和病毒颗粒。这一能力使海泡石成为一种非常具有潜力的微/纳米载体，用于生物分子的

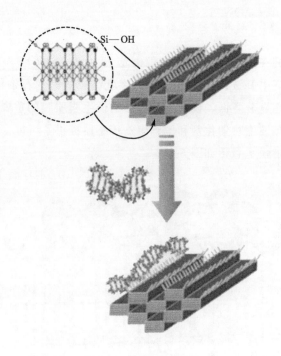

图 5-15　由海泡石与线性 DNA 相互作用产生的 DNA 纳米复合材料

非病毒转移。目前，海泡石已用于细菌中质粒 DNA 的提取、哺乳动物细胞转染、改善细菌转化/转染过程等。

5.3.3　载药

黄原胶-海泡石杂化材料可用于制备流感疫苗佐剂，将灭活的甲型流感病毒吸附在黄原胶-海泡石上，对小鼠进行免疫，感染灭活甲型流感病毒后再染毒证明该疫苗具有高水平的血清保护作用。海泡石可以为流感病毒提供一个类似鼻黏膜的吸附环境，同时，由于海泡石的针状形貌，可以增强鼻黏膜受刺激而引起的免疫反应。这有助于提高疫苗接种的效力，从而减少免疫接种所需的剂量。

疫苗接种方面的一项重要挑战是疫苗的热稳定性，这对于疫苗的储存和间断冷链至关重要。运输和储存过程中疫苗意外冻结也会影响效力（约 30％的疫苗对冷冻敏感）。Wicklein 研究了海泡石-脂质杂化物在耐高温甲型流感疫苗中的佐剂作用。体外研究表明，在高达 48℃的温度下，疫苗热稳定性得到改善，这种热稳定性的提高可能与海泡石-脂质生物杂化物形成的一种流感病毒吸附热保护支架形成的化学微环境有关。

一氧化氮（NO）是最小的内源性分子之一，尽管其存在潜在毒性，但在体

海泡石矿物材料：加工·分析·设计·应用

内具有重要的调节作用。它倾向于集中在亲脂性环境中，如膜和蛋白质的疏水区域。NO 参与许多关键的生理功能，如血压调节、对病原体的免疫控制、神经传递、抑制血小板黏附、伤口愈合和感染的非特异性免疫反应。许多金属蛋白可与 NO 发生反应，但是暴露于高浓度的 NO 中可能导致金属蛋白功能受到抑制。因此，NO 治疗市场的很大一部分必然涉及将 NO 定向输送到身体的特定区域，从而避免系统性的负面影响。Fernandes 等对海泡石提取的一氧化氮吸附材料进行了研究。对黏土进行了几种不同的改性，结果表明：所有样品均表现出对氮氧化物的吸附性能，锌交换海泡石材料吸附量为 7.7mg/g，铝柱撑海泡石材料吸附量为 59.0mg/g，吸附过程为物理吸附。

海泡石可以应用于药物缓释系统，研究表明：在海泡石存在的情况下可以形成均质稳定的埃洛石纳米管（HNT）水悬浮液，并可以在其中加入其他亲水纳米颗粒，如纤维素纳米纤维（CNF）。这些悬浮液可以很容易地加工成自支撑膜，其中海泡石和 HNT 可以进一步功能化。通过这种方法，研究了各种药物，如布洛芬、阿莫西林和水杨酸在 HNT 腔内的掺入，从而制备了杂化纳米颗粒。结果表明，水杨酸负载的 HNT 生物杂化膜对金黄色葡萄球菌等革兰氏阳性菌的生长具有抑制作用。在 pH 值 5.5（典型的人类皮肤 pH 值）的条件下进行了抗菌试验，证明了开发用于防腐敷料的生物纳米复合材料的潜在用途。

自然产生的表面活性剂，如脂肪酸、磷脂、脂肽类等是环境友好的，是合成表面活性剂（如烷基季铵盐）的多用途替代品。这些生物表面活性剂可以通过自组装途径制备，并形成具有仿生特性的固体支撑双分子层，并在生物医学或其他生物技术领域找到潜在的应用。Wicklein 等报道了一种海泡石脂质杂化方法，通过可控方式吸附卵磷脂于海泡石基体上，由于抗生素和脂质层之间的相互作用增强，所得到的生物有机黏土可成为土霉素和环丙沙星等抗生素的有效吸附剂。由于具有生物相容性，海泡石被用作真菌毒素的肠吸收剂，以缓解家禽的真菌感染。与纯黏土相比，生物有机海泡石对黄曲霉毒素 B_1 的体外隔离效率更高。

Calabrese 等将维生素 A 浸渍于海泡石中。体外释放动力学研究表明，维生素 A 的释放与载体类型和 pH 值有关。除控释作用外，海泡石还能抑制维生素 A 的氧化降解。

5.3.4　安全性分析

由于海泡石在生物医学领域存在多种潜在用途，其毒性问题已成为一个重要问题。研究表明，与石棉一样，海泡石可以产生"Yoshida"效应，此外，还可以破坏细菌的 DNA，然而，将这些结论借鉴到哺乳动物细胞上不合理，这是因为细菌比哺乳动物细胞要小得多。因此，虽然海泡石纤维的长度与细菌细胞的长度相似，但海泡石纤维比人类细胞的长度要小得多。此外，真核生物（包括人类细胞）的基因组嵌入核室中，而原核生物（细菌）没有细胞核，DNA 直接包含在细胞质中。因此，海泡石纤维可以穿透细菌直接与细菌的基因组 DNA 相互作用，从而改变细菌。相反，在哺乳动物细胞中，进入细胞的海泡石纤维是在细胞质中，而不是在细胞核中，因此，海泡石与基因组 DNA 没有接触。而且人类细胞与海泡石的相互作用不会触发 DNA 损伤反应，即海泡石不会攻击哺乳动物细胞中的基因组 DNA。海泡石在培养的哺乳动物细胞中似乎具有弱毒性，但也比经典 DNA 转染方法的毒性低得多。

海泡石还会诱导细胞产生活性氧（ROS），这类氧自由基及其衍生物与细胞凋亡密切相关，由于 ROS 可能改变包括 DNA 在内的任何生物成分，并导致突变，这引起了人们对海泡石潜在毒性的担忧。但是细胞也可以控制 ROS 的产生，且 ROS 在生理过程中扮演重要角色，这种情况下，ROS 对机体是有益的。因此，海泡石及其反应可导致细胞内 ROS 增加，并不能说明会威胁到细胞，相反，海泡石可能具有抗氧化作用，可以清除活性氧，避免细胞中毒。

纤维会滞留在组织中，产生慢性炎症，随着时间的推移，炎症会变得具有致病性。这里有两个关键问题：纤维的大小和细胞排除纤维的能力。西班牙 Vallecas-Vicalvaro 矿床的海泡石纤维大部分长度在 $200\sim800nm$ 之间，比哺乳动物细胞小得多，因此，细胞自身排除海泡石纤维的能力是使海泡石无害的关键因素。并且研究也证实这些海泡石纤维确实可以实现在哺乳动物细胞中的自发排除。

截至目前，海泡石被世界卫生组织国际癌症研究机构列为三类致癌物。

5.4

化工领域

5.4.1　石油

Mizutani 等首次在实际规模上合成海泡石。在 473K 时，$MgSO_4$ 和硅酸盐的混合物可获得最大数量的海泡石。结果表明：①海泡石在酸性或碱性溶液中均不稳定；②573K 以上水热条件下海泡石不稳定；③镁硅酸盐凝胶在碱性溶液中更容易结晶蒙脱石。

Zhuang 等用苄基二甲基十八烷基氯化铵（C18-B）对海泡石进行改性，改性剂用量为海泡石原矿的 35%，同时研究了其在油相中的流变性能，表现出良好的黏度和触变性。当温度升高到 180℃ 以上时，流变特性得到改善。进一步地，通过有机改性剂分子的粒径、表面积测试和热分析，证实了部分表面活性剂插入了海泡石的分子通道中。同时，研究了三种烷基氯化铵盐改性剂 C18-A、C18-B 和 DC18 修饰的有机改性海泡石的结构和流变性能。孔径和微孔体积分布表明 C18-A 和 C18-B 插入海泡石通道内，而 DC18 不能。与海泡石通道尺寸相比，C18-A 和 C18-B 的极性端分子尺寸较小，因而均可进入海泡石通道内，相比之下，C18-B 对海泡石孔道的堵塞最严重，对应的改性效果也最好。因此，C18-B 可以堵塞通道并固定在表面，从而获得最佳的流变性能和热稳定性，海泡石在油相中的体积变化如图 5-16（见文后彩插）。

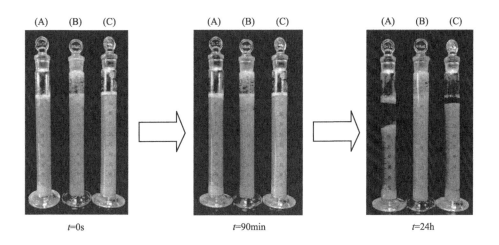

图 5-16　海泡石在油相中的体积变化

（A）C18-A 改性的海泡石；（B）C18-B 改性的海泡石；（C）DC18 改性的海泡石

　　研究认为有机改性海泡石在油中形成了类似干草堆的结构。由于其亲脂性表面，有机海泡石纤维可以分散在油中，通过自然堆积和连接形成网络结构。有机改性海泡石在油层中表现出三种可能的结构，即叠加结构、网状结构和分散结构。由于纳米纤维之间的相互作用较弱，堆叠和分散都不能促进油基钻井液的显著流变性能。选择合适的表面活性剂对于提高含这些有机碳的油基钻井液的流变性能至关重要。

　　Zhuang 等研究了三种烷基氯化铵盐改性剂 C18-A、C18-B 和 DC18 对海泡石改性的效果。研究发现，负电的海泡石和正电的改性剂极性端发生了静电吸附作用。同时，改性前后比表面积和孔体积的改变表明改性分子进入并堵塞了海泡石的通道。并推测出四种可能的反应情况，即：①完全插入；②部分插入；③被较大的极性端堵塞；④简单的罩盖。由于软件优化所得的改性剂分子（C18-A 和 C18-B）极性端略小于海泡石通道，因此药剂极性端可能进入了通道，而由于烷基链较长，因此改性剂分子较难完全进入海泡石通道中，当然也会存在部分改性剂分子罩盖在表面，但部分的插入相对更加稳定；对 DC18 分子而言，其所含的两个烷基链间的夹角为 107°，这一角度使其难以进入海泡石通道中，因此该改性剂分子只能罩盖在海泡石表面，如图 5-17。通过对比改性海泡石在油相中的流变性和热稳定性可知，C18-A 和 C18-B 改性海泡石性能更佳，进而证实了改性剂分子部分进入海泡石通道具有更稳定性的优势。

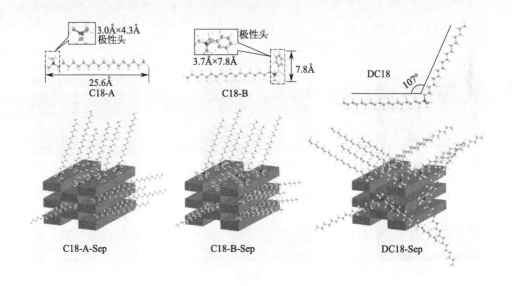

图 5-17　海泡石表面有机表面活性剂状态

İşçi 等研究了蒙脱石和海泡石在水中的混合。他们发现这种混合物不适合于水基钻井液，并且稳定剂是必要的。Al-Malki 等发现，含有海泡石纳米颗粒的膨润土基钻井液在较宽的温度和压力范围内，尤其是在高温和高压下，其塑性黏度和屈服点都表现出很大的稳定性。

随后，Zhuang 等系统地阐述了有机蒙脱土和有机海泡石在不同温度老化的油基钻井液中的协同使用。他们发现，两种有机改性黏土的协同使用可以改善油基钻井液的流变性能和热稳定性。在室温条件下，添加有机海泡石提高了其成凝胶能力，且有机海泡石的成凝胶能力优于有机蒙脱土。有机蒙脱土和有机海泡石质量比为 1∶1 的混合物在 150～200℃ 时，流变学性能最佳，如图 5-18。

海泡石矿物材料：加工·分析·设计·应用

图 5-18　有机蒙脱土和有机海泡石在油基钻井液中的网络结构

Ettehadi 等研究了海泡石水基钻井液在高温高压条件下对大范围高渗透层的封堵能力。在 $27 \sim 204\text{℃}$、2070kPa 和 6895kPa 的流变性和损耗试验表明，海泡石钻井泥浆在除 149℃外的所有温度下均表现出良好的流变性和较高的固体悬浮能力。以 $10 \sim 90\mu\text{m}$ 的可渗透陶瓷板为模拟地层，进行渗透封堵试验表明，加入 $CaCO_3$ 的海泡石钻井泥浆能够迅速堵塞孔道，使 $CaCO_3$ 颗粒即使在高温（高达 193℃）下也能保持悬浮状态。

5.4.2　催化

可再生油技术如三酸甘油酯制成肪酸甲酯往往需要一种稳定、高性能的催化剂材料。Degirmenbasia 等通过真空溶液浸渍法获得了不同 K_2CO_3 质量含量的海泡石复合材料。通过条件优化，获得了生物柴油98.8％的较高产率和至少5次的循环利用次数。这是由于海泡石高的比表面积、催化剂高的盐度和高的钾浓度。但该法单一采用了浸渍钾的方法，钾离子交换的实际情况有待进一步研究，因此，Al-Ani 等分别使用溶液浸渍和离子交换法制得了钾浸和钾交换后的海泡石多相催化剂。这两种催化剂对催化制备生物柴油具有很高的产率，且成本低，稳定性高。

苯胺是染料工业中最重要的中间体之一，也是生产农药的重要原料。目前，在工业上以硝基苯催化加氢法制备苯胺占主导地位。此法具有对环境的污染小、金属利用率高、催化剂可循环使用等优点。硝基苯催化加氢法有两种不同的方式，分别为气相加氢法和液相加氢法。

欧宁以酸改性海泡石为载体，以尿素、草酸、碳酸钠作为沉淀剂，制备出酸改性海泡石负载型镍基催化剂。其中，使用碳酸钠作为沉淀剂，在 pH 值为 9.0 左右的制备条件下以及 20%（质量分数）的 Ni 负载量时，催化剂具有最佳的催化性能。在最佳反应条件下，硝基苯转化率为 98.75%，苯胺的选择性为 98.63%。催化剂经过还原再生之后，发现仍具有较好的催化效果。将酸改性海泡石负载型镍基催化剂用于硝基苯液相加氢反应，催化剂也有很高的催化加氢活性。将 Ni 的负载量降至 10%（质量分数）后，催化剂加氢活性很低，硝基苯转化率只有 59.41%，且苯胺的选择性也只有 84.43%。对催化剂进行 Ti 修饰改性，由于 Ti-Ni 之间的相互作用，使得在 10%（质量分数）的 Ni 负载量下，硝基苯转化率也能达到 100%，且苯胺的选择性达到了 98% 左右。

糠醇是一种重要的有机化工原料，主要用于生产糠醛树脂、呋喃树脂、糠醇-尿醛树脂、酚醛树脂等。也用于制备果酸、增塑剂、溶剂和火箭燃料等。另外，广泛应用于染料、合成纤维、橡胶、农药和铸造等工业。糠醇大多采用糠醛液相加氢的方法制备，使用 Cu-Cr 系和经修饰的 Cu-Cr 系催化剂，虽然该系列催化剂的糠醇选择性好，但反应活性较差，且催化剂随加氢产物一起排放，污染环境。李小玉等以酸改性和热改性的海泡石为载体制备非晶态 Ni-B-Mo 合金催化剂用于催化糠醛液相加氢制糠醇反应。采用浸渍和化学还原法制备催化剂。以 $Ni(CH_3COO)_2 \cdot 4H_2O$ 水溶液和 $(NH_4)_6Mo_7O_{24} \cdot 4H_2O$ 水溶液为原料加入海泡石中浸渍，在剧烈搅拌、冰水浴恒温的条件下将 KBH_4 氨水溶液滴加到浸渍液中，产生大量气泡并有黑色沉淀物出现，即得 Ni-B-Mo/Sep（Sep 为海泡石）催化剂。催化剂中 Ni 的理论负载量为 15%（质量分数），Mo 的添加量为 Ni 质量的 10%。该催化剂催化糠醛液相加氢反应的性能较好，糠醛转化率和糠醇选择性分别为 83.8% 和 98.7%。

5.5

▶▶

能源领域

5.5.1 储热

随着社会的快速发展，化石燃料的消耗逐渐加剧，使得能源危机越来越严重。此外，环境保护迫在眉睫。相变材料（PCM）是一种新型材料，可以缓解能源危机，减少环境污染。PCM 的相变潜热容量高，相变过程温度变化小，在蓄热方面具有突出的优势。然而，PCM 具有明显的局限性，无机相变材料相变过程中的流动和体积膨胀以及过冷影响了其发展。因此，有大量的研究报道抑制PCM流动和泄漏的方法，如将PCM封装和构建聚合物型稳定相变材料（FSPCM）。由于大多数黏土矿物具有多孔结构和可观的比表面积，因此，黏土矿物的吸附性能优良，PCM可以轻松与黏土矿物复合，而比表面积和层间距小的黏土矿物则不利于PCM的加载。PCM与黏土矿物材料之间的相互作用主要有毛细力、表面张力、氢键、范德华力等，这些作用力可以有效限制PCM的渗漏。一般来说，无机相变材料的相变温度高于有机相变材料。黏土矿物基FSPCM的制备方法有真空浸渍法、熔融法、熔融吸附法和液相法等。

海泡石由于其特殊的形貌结构，具有相当大的比表面积。与海泡石结合的无机材料主要为 $Na_2SO_4 \cdot 10H_2O$ 等水盐。海泡石基FSPCM中使用的一元有机材料包括十二醇、石蜡、硬脂酸和月桂酸，也有二元有机材料。

PCM/海泡石FSPCM的热性能主要由DSC曲线决定。蒋达华等制备了硬脂酸/海泡石和月桂酸/海泡石FSPCM。两种海泡石基复合材料的相变温度范围分别为52.20~58.70℃和43.82~46.48℃。由于PCM与载体之间的相互作用较弱，相变温度略高于复合材料。热重分析是评价复合材料热稳定性的常用方法。武克忠等制备了新戊二醇/海泡石FSPCM。当温度低于83.86℃时，新戊二醇/海泡石的失重率为20.77%，表明新戊二醇/海泡石的热稳定性相对较差。

Shen等研究了硬脂酸在 α 海泡石（α-Sep）和 β 海泡石（β-Sep）中真空浸渍加载硬脂酸（SA），得到了 α-Sep/SA 和 β-Sep/SA，加载前后的海泡石结构如图5-19。α-Sep 是一束纤维状晶体，而 β-Sep 则是短而薄的纤维状晶体。α-Sep 复合材料的加载效率为60%，β-Sep 复合材料的加载效率为49%。结果表明，复合材料的热导率分别为 0.57W/(m·K) 和 0.76W/(m·K)，潜热蓄热容量分别为118.7J/g 和 95.8J/g，200次加热/冷却循环后具有良好的热稳定性。该小组还研究了海泡石预处理对月桂酸吸附及复合材料热性能的影响。采用煅烧、碱浸和盐酸对海泡石进行处理。酸性处理是去除杂质和改善孔隙结构最有效的方法。酸处理后海泡石的最大承载能力为60%，比原海泡石提高了50%。采用酸处理海泡石制备的复合材料的熔点/冻结温度为42.5℃/41.3℃，对应的潜热蓄热容量为125.2J/g 和 113.9J/g。测得的热导率为0.59W/(m·K)。

Konuklu等发现超声波处理对海泡石的管状结构有负面影响，而微波处理促进了热导率提高的复合材料的制备。比较了石蜡或月桂酸与海泡石混合制备的复合材料的热性能。研究发现，石蜡具有较高的吸附率，可以以更可控的方式装载到海泡石纤维中。Sari等利用癸酸/硬脂酸共晶混合物（83%/17%，质量分数）作为相变材料（PCM）制备了PCM/海泡石复合材料，以共晶混合物的质量分数

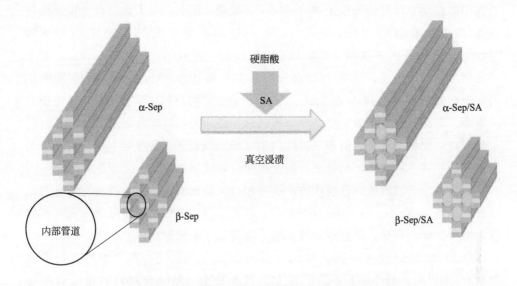

图 5-19　制备 α-Sep/SA 和 β-Sep/SA 复合材料的示意图

为 42% 制备了形貌稳定的复合相变材料，熔化温度为 22.86℃，对应的潜热蓄热容量为 76.16J/g。此外，复合材料在 1000 次加热/冷却循环后表现出良好的热稳定性。

Cui 等采用真空浸渍法制备了 $CaCl_2 \cdot 6H_2O$/海泡石复合材料。采用盐酸对海泡石进行预处理，丙基三甲氧基硅烷对海泡石进行焙烧改性。结果表明，该复合材料在 $CaCl_2 \cdot 6H_2O$ 含量（质量分数）为 70% 的情况下形成了形状稳定的复合材料。结果表明，以 70% 的 $CaCl_2 \cdot 6H_2O$ 组成的盐水合物最适合防止相分离。虽然 PCM 最初表现出偏析行为，但加载到海泡石基体上可以有效阻止进一步的相分离，并保留 DSC 曲线上焓值最高的主相变峰。

5.5.2　储电

电能是指使用电以各种形式做功的能力，电能的利用是第二次工业革命的主要标志。其他形式能量可以通过转换产生电能，而将转换的电能进行高效的存储和释放是电能有效利用的重要环节，储电材料则成为了电能存储的关键载体。目前，已有研究人员将海泡石应用于储电材料的开发。

用简单的静电纺丝方法成功地制备了海泡石基电池隔膜。海泡石基隔膜具有良好的热稳定性和较高的离子导电性，优良的机械稳定性和热稳定性则保证了电池在运行过程中的安全性。其弹性模量与海泡石含量呈正相关关系，这可能与海泡石的微晶形貌有关。使用海泡石基隔膜的电池在前 100 个循环中表现出了优异的循环性能，容量保持率接近 100%，库仑效率接近 100%。此外，在 60℃ 的较高温度下也能获得良好的电化学性能。

聚苯胺（PANI）是一种简单易得的导电性好的稳定聚合物，可用于超级电容器材料的制备，Chang 等通过原位氧化聚合的方法，将 PANI 负载于酸处理后有机改性的海泡石上，合成了海泡石-聚苯胺复合导电材料用于超级电容器。结果表明复合材料具有良好的倍率性能和电化学活性，相比单一 PANI 材料，复合导电材料的电化学容量显著提升，且复合材料的内阻小于 PANI，因此更适合做电极材料。

锂离子二次电池主要借助 Li^+ 在电池正负极之间的移动来完成充放电工作。将改性海泡石用于锂离子电池电解质材料，制备了聚氧乙烯/三氟甲基磺酸锂/碳酸乙烯酯/海泡石复合材料。锂脱嵌结果分析表明所得材料具有很好的界面特性，并不会产生树突。将该材料用于 $LiFePO_4$ 为正极的锂电池中，充放电 25 次后，放电容量由 142mAh/g 降至 110mAh/g，库仑效率为 96%。Chen 等采用镁热还原反应将海泡石以自模板法将硅还原，再用 HCl 和 HF 洗去杂质，得到了一维硅纳米棒材料（SNRs）。作为电极材料，SNRs 表现出优异的倍率性能、可观的循环稳定性和低的体积膨胀。

海泡石也可和硫组合用于锂电池的负极材料，所得负极在 0.2C 时的首次放电容量达 1436mAh/g，循环 300 次以后放电容量仍可达 901mAh/g。1C 时的初始放电容量达 1206mAh/g，循环 500 次后放电容量仍在 601mAh/g。基于以上研究，进一步以简单方法合成了聚苯胺包覆的海泡石-碳纳米管-硫负极材料，在 2C 的充放电倍率下，初始放电容量为 1100mAh/g，300 次循环后放电容量为 650mAh/g。导电聚合物包覆后 2C 的充放电倍率下的库仑效率由 85% 提升至 93%。利用筛过的海泡石（200 目筛），采用共沉淀法制备了氧化锌纳米粒子，通过水热处理制备了硫/筛分海泡石/氧化锌纳米正极复合材料。复合正极的初始放电容量为 1391mAh/g，循环 200 次后的稳定放电容量为 765mAh/g。该方法可以有效地提高硫的利用率，并限制多硫化物分解成电解液。

5.5.3　储氢

海泡石也被应用于储氢材料的研究。以焦炭为碳源，海泡石为前驱体，绿色方法合成了海泡石-类石墨烯复合材料，用于氢气的吸附。复合材料对氮气和二氧化碳的吸附结果表明，海泡石不仅仅是碳材料形成的模板，还影响着最终材料的超微孔结构的形成。材料在 298K、20MPa 的条件下，可吸附超过自身质量 0.1%，以及复合材料中碳质量 0.4% 的氢气，可在室温下实现氢气的吸附。采用气相沉积法制备了碳-海泡石材料，然后用 HF 浸去海泡石，得到了碳纳米管，再将碳纳米管表面负载 Pd 金属颗粒。在 298K、9MPa、5%Pd 含量的条件下，Pb 的掺杂显著提升了氢气的吸附量，多元醇法获得了 0.41% 的最大吸氢量；乙醇/甲苯还原法则在仅 3%Pd 含量的前提下获得了 0.59% 的最佳吸氢量。

5.6

聚合物领域

高分子化合物，简称高分子，又称聚合物，一般指分子量高达几千到几百万的化合物，绝大多数高分子化合物是许多分子量不同的同系物的混合物，因此高分子化合物的分子量是平均分子量。高分子化合物是由千百个原子以共价键相互连接而成的，虽然它们的分子量很大，但都是以简单的结构单元和重复的方式连接的。

目前多数聚合物均是以煤、石油、天然气等为起始原料制得低分子有机化合物，再经聚合反应而制成的。这些低分子化合物称为"单体"，由它们经聚合反应而生成的高分子化合物又称为高聚物。通常将聚合反应分为加成聚合和缩合聚合两类，简称加聚和缩聚。由于现有聚合物的种类众多，海泡石等非金属矿物材料在聚合物领域的应用前景非常广阔。将功能化处理后的海泡石填入不同聚合物中，其优势可以有效地发挥。针对本节研究的海泡石-聚合物复合材料，总结其分子式和应用见表 5-3。

表 5-3　几种聚合物的分子式及应用

聚合物种类	分子式	应用
聚丙烯	$\begin{matrix} CH_3 \\ [CH-CH_2]_n \end{matrix}$	汽车及制造零部件、电子及电气工业器件、纤维等
聚乙烯	$\begin{matrix} H \quad H \\ [C-C]_n \\ H \quad H \end{matrix}$	薄膜、管材、注射成型制品、工程塑料凳、渔网、农具、纺织等
聚酰胺(尼龙)	$[\overset{H}{N}\cdots\overset{O}{C}]_n$	轻载荷、中等温度、无或少润滑、要求低噪条件下的耐磨受力传动零件

聚合物种类	分子式	应用
聚甲基丙烯酸甲酯		窗玻璃、光学仪器、照明、医用药材、装饰品等
聚氨酯		家具、建筑、煤矿、制革、保温隔声、跑道等
乙烯-醋酸乙烯酯共聚物		发泡鞋材、薄膜、电线电缆、玩具、热熔胶、乳液

5.6.1 聚丙烯

聚丙烯（PP）是丙烯通过加聚反应而成的聚合物，是当今最常用的聚合物之一，由于其易于调节的特性，很多研究人员将海泡石嵌入 PP 基体中，并将 PP 与另一种聚合物基体混合，研究了其力学、热学和热力学性能。探讨了海泡石增强 PP 复合材料的几个特性，如不同填料、表面处理、形状和海泡石尺寸对复合材料性能的影响。一般来说，海泡石的集成已被证明可以改善 PP 复合材料的力学和热性能，且海泡石对 PP 聚合物基体有特定的成核作用。

Wang 等研究了有机海泡石（O-Sep）对 PP/ABS（ABS 指丙烯腈-丁二烯-苯乙烯共聚物）共混聚合物力学、形态和热性能的影响。流变学结果表明，有机海泡石可提高共混聚合物的黏度、储存量和损耗模量。力学性能测试结果表明，适当含量的 O-Sep 提高了 PP/ABS/O-Sep 共混物的冲击强度、拉伸模量和弯曲模量。O-Sep 和 ABS 均能提高聚丙烯的韧性。

Laoutid 等研究了利用尼龙 6（PA6）和海泡石的联合作用来提高 PP 的可燃性。所使用的表征技术是损失质量量热法和热重分析（TGA）。TGA 结果表明，马来酸酐加入聚丙烯（MA-g-PP）作为增溶剂，使其在空气中热稳定性显著提高。这种发展与炭层的排列有关，避免了聚丙烯的热氧化降解。在聚丙烯/PA6 共混物的损失质量量热试验中，加入 5% 的海泡石可提高炭层的热阻，使其着火临界时间延长，放热率降低 53%。这是因为通过 PA6 的粒状结构、分散率和尺寸的调节，可以提高热阻，形成持久的炭层。在点火过程中炭层的热阻能力取决于海泡石和 PA6 的含量。

Salvatore 等研究表明：0.5%（质量分数）的 O-Sep 可以获得显著的力学和

阻燃性能。Bilotti 等研究了海泡石对其在聚合物纳米复合材料中的力学性能、分散性和结晶度的影响。Nuñez 等研究了由海泡石和 PP/PLA（聚丙烯/聚乳酸）组成的纳米复合材料。Morales 等研究了在海泡石表面处理基础上建立的 PP/海泡石的 DMA（动态热机械分析）性能。Hirayama 等研究了有机改性海泡石纳米粒子和聚合物构筑的纳米复合材料及其分散特性。Asensio 等分析了等静压聚丙烯基海泡石纳米复合材料及其共聚物，考察了共聚单体的加入量、填充剂的加入量、支链类型对复合材料最终性能的影响。

通过以上研究，可以证实海泡石及其功能化极大地影响和提高了 PP 的力学、热学和热力学性能，以及 PP 与各种聚合物的混合，这取决于其分散程度、尺寸以及基体与填料之间的相容性。增溶剂和基体的选择也会影响热塑性聚合物纳米复合材料的性能。

5.6.2 聚乙烯

聚乙烯（PE）是乙烯经聚合制得的一种热塑性树脂，是可循环利用的可成型性强、密度低的半结晶热塑性塑料，按密度可分为低密度聚乙烯（LDPE）、超高分子量聚乙烯（UHMWPE）、中密度聚乙烯（MDPE）、高密度聚乙烯（HDPE）等。

Singh 等研究了顺丁烯二酸酐接枝的聚乙烯/海泡石纳米复合材料的热稳定性和力学性能。研究表明，海泡石的存在显著地改善了力学性能、黏度和熔体强度，海泡石掺入量为 10%（质量分数）时，拉伸模量和弯曲模量分别达到 40% 和 50%，海泡石的存在提高了热稳定性。增溶剂顺丁烯二酸酐的加入使热稳定性和力学性能进一步提高。

Samper-Madrigal 等分析了在海泡石环境友好膜和包装应用中增溶剂对聚乙烯-热塑性淀粉共混物的影响。根据他们的研究，海泡石改善了力学性能。改性后的海泡石是一种生物兼容的添加剂，可以修饰为所需的功能。

Zhang 等通过加入聚季戊四醇二磷酸二氯-六甲基二胺（PSPHD），在没有/存在改性海泡石的情况下对低密度聚乙烯（LDPE）/海泡石纳米复合材料进行了研究。结果表明，PSPHD/海泡石与 LDPE 聚合物基体之间的界面改性效果较好。在拉伸试验中，拉伸强度增加明显。

Mir 等研究了海泡石对 LDPE/淀粉共混物热性能和流变性能的影响。结果表明，2 份海泡石和 15 份淀粉复合材料具有最显著的拉伸性能，同时提高了材料的热稳定性和流变性能。硅烷提高了填料的分散性和聚合物与填料间的相互作用。

5.6.3 聚酰胺（尼龙）

聚酰胺是世界上出现的第一种合成纤维，俗称尼龙。在各种聚酰胺中，聚酰胺6（PA6）作为海泡石基复合材料广泛应用于电气、汽车、电子等行业。然而，PA6存在裂纹敏感性、尺寸不稳定性和高吸湿性等不足。为解决此问题，在聚合物基体中引入表面改性海泡石来改善其与 PA6 的相互作用，进而提高复合材料的性能。

Abbasi 等研究了海泡石基聚芳酰胺酰亚胺纳米复合材料的制备和性能。结果表明，当海泡石掺量为 3% 时，分散效果最好，热稳定性和力学性能最佳，拉伸模量从 2476MPa 增加到 3001MPa，断裂伸长率和拉伸强度略有降低。Fernandez-Barranco 等研究人员解释了海泡石基 PA6 纳米复合材料的热稳定性，原因是海泡石与聚酰胺链之间建立了氢键。

5.6.4 聚甲基丙烯酸甲酯

聚甲基丙烯酸甲酯（PMMA）是一种高分子聚合物，又称作亚克力或有机玻璃，具有高透明度、低价格、易于机械加工等优点，是平常经常使用的玻璃替代材料。具有生物惰性的丙烯酸树脂，其热稳定性和力学性能较差。因此，海泡石被用作填料，并被引入基体中以提高力学性能和热稳定性。当海泡石掺入量为 50% 时，PMMA/海泡石复合材料的断裂韧性得到了明显的提高，这与海泡石填料的抗裂性能有关。

5.6.5 聚氨酯

聚氨酯是指分子结构中含有氨基甲酸酯基团（—NH—COO—）的聚合物。聚基甲酸酯一般由异氰酸酯和醇反应获得。另外，多异氰酸酯与多元胺反应得到的聚脲广义上也属于聚氨酯。聚氨酯泡有软泡和硬泡两种，软泡为开孔结构，硬泡为闭孔结构；软泡又分为结皮和不结皮两种。

在聚合物基质中添加矿物颗粒是提高阻燃效率的一种有效、经济、环保的方法。矿物颗粒反射来自火焰的辐射热，同时作为炭化在基体表面积累的催化剂，有效地抑制燃烧过程中烟雾的发生。Torró-Palau 等研究了热处理海泡石及其对聚氨酯胶黏剂性能的影响，结果表明，热处理的海泡石孔消失、海泡石结构被破坏，热处理海泡石不利于聚合物材料力学性能和热稳定性的增强。最初研究表明，经 KH-550 改性后海泡石与聚氨酯复合，550℃ 焙烧后的残渣分析表明，残渣质量的增加与海泡石含量的增加不成正比，认为海泡石作为热绝缘体和传质屏障对复合材料热稳定性产生影响。对复合材料的力学性能、耐水性和溶胀性分析揭示了改性海泡石分散程度与复合材料性能间存在正相关的关系。复合材料初始热分解温度较纯聚氨酯高 20℃，证明改性海泡石具备抗热氧化性能。在聚氨酯软段中海泡石起到了异相成核剂的作用，有利于结晶度的提高。

除了阻燃增强材料，研究人员还研究了聚氨酯/海泡石纳米复合材料对污水的净化效果。Yu 等研究了海泡石对聚氨酯纳米复合材料结构和形状记忆性能的影响。通过将海泡石纤维均匀地分散在基体中，提高了纳米复合材料的模量。聚氨酯软段具有较高的规整性和良好的柔韧性，且易结晶。但是，海泡石阻碍了聚氨酯链段的自由运动，使复合材料的形状记忆恢复率略低于原始聚氨酯。另一方面，海泡石对软段也起着成核作用，使复合材料的形状不变性比在形状记忆过程中优于原始聚氨酯。以上研究显示出海泡石基聚氨酯纳米复合材料在各应用领域中的重要影响和性能。

5.6.6　乙烯-醋酸乙烯酯共聚物

乙烯-醋酸乙烯酯共聚物（EVA），是一种通用高分子聚合物，分子式是 $(C_2H_4)_x \cdot (C_4H_6O_2)_y$，可燃，燃烧气味无刺激性。Bidsorkhi 等研究了加入 EVA 的未改性海泡石和改性海泡石的热、力学和阻燃性能。结果表明，改性海泡石的热稳定性、力学性能和阻燃性能均优于未改性海泡石。同时揭示了海泡石对 EVA 羧基的保护作用。Fauzi 等研究了 PA6/EVA 基体中海泡石的力学性能。海泡石的浓度为 2～10phr（每 100 份树脂中添加的份数），PA6/EVA 的比值为 80/20。此时结果表明，当海泡石掺量为 4 时，其抗弯强度和冲击强度均达到最佳。

海泡石在热塑性聚合物中的增强性能是近几十年来相关研究的一个探索性领域。除了上述聚合物外，海泡石还在聚氯乙烯、聚碳酸酯、聚苯乙烯等领域均有研究。重点研究方向是：聚合物的界面黏附、聚合物链的约束以及聚合物变形对热稳定性和力学性能的影响。一般而言，由于海泡石优异的形貌、加载量的控制、对海泡石表面处理及与其他填料复配等特性方法，导致了海泡石聚合物复合材料的热稳定性和力学性能的提高。另外，海泡石分散性较差、与聚合物基体间的相互作用较弱是需要克服的问题。

5.7

摩擦领域

制动装置的核心部件是摩擦片。作为摩擦片的摩擦材料须具有功能可用、长期持续、高效运作等要求。机动车摩擦系统是由一块金属盘片和两块摩擦片组成，摩擦片可帮助机动车将动能转化为热能，进而完成减速作业。摩擦片的摩擦材料由十多种材料复合而成，它们可使摩擦片在各种环境条件下保持相对高而且稳定可靠的摩擦系数、优秀的机械特性和耐高温、耐腐蚀等特性。

面对制动器在新时期和新领域的发展应用，世界各国对摩擦材料的各项性能也提出了更高更严苛的要求。总体而言，摩擦材料须符合以下的基本要求：具有合适的摩擦系数，且受外界因素的影响较小；磨损率低且对对偶材料无损害效果；阻尼性好，强度较高，热稳定性好；不易锈蚀，残渣不粘在对偶盘上；无共振，无噪声，不易膨胀；抗油、防水和抗热腐蚀能力好；环保，无毒无害；廉价易得，使用寿命长。

制动摩擦材料共经历了三个发展阶段：20世纪70年代中期以前以鼓式制动器与石棉型摩擦材料为主导的第一阶段；70年代中期至80年代中期向盘式制动与非石棉摩擦材料过渡的第二阶段，这一阶段努力使用各类纤维材料以实现对石棉的替代，且添加剂或填料多样化以改善摩擦材料的各项性能；80年代中期至今，为适应摩擦材料更高更广的应用要求，各种新型摩擦材料相继出现，如无石棉有机型、粉末冶金型、新型陶瓷型等，该时期为摩擦材料发展的第三阶段。

另外的一种分类是围绕石棉和其他材料为侧重点的分类方法，如图5-20。

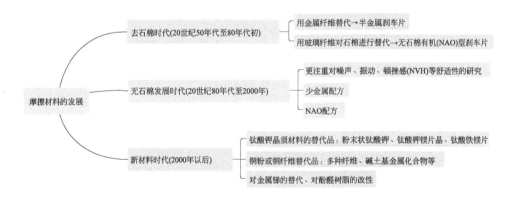

图 5-20　摩擦材料发展的三个阶段

不同类型摩擦材料的特点和主要应用见表5-4。比较两种对摩擦材料发展的分类方法可以发现，这两种方法均与传统石棉纤维和新型材料的开发密切相关。

表 5-4 不同类型摩擦材料的特点和主要应用

材料类型	特点	主要应用
NAO 摩擦材料	NAO 摩擦材料主要由玻璃纤维、芳族聚酰胺纤维或其他类型的纤维组成,不含有石棉或铁、钢纤维,但可以含有其他金属	• 重型卡车、乘用车或轻型卡车的鼓式制动器 • 其他工业应用
半金属摩擦材料	含有 20%~55% 的铁质金属组分(如钢纤维、还原铁粉或氧化铁粉等)	• 轿车/轻型卡车的盘式制动器 • 中型/重型卡车的盘式制动器
低金属摩擦材料	含铁质纤维低于 20% 的摩擦材料,其他纤维也可以用于加固;也可含有其他金属,但一般不用于加固	• 多用于乘用车的盘式制动器

摩擦材料是一个多成分集成的复杂系统,这一系统中不同成分及其含量对系统的影响极其复杂,以至于摩擦材料的配方研究一度被认为是门实践性的以经验为指导的"艺术"而非科学。在实践中,摩擦材料的设计要求平稳可靠,在不同的温度范围内其摩擦系数应保持稳定,另外,摩擦材料还要求质轻、低噪声、低磨损率、性价比较高等。为了满足上述要求,多数摩擦材料并非用单一的配方制造而成,而是采取多种复合材料如黏结剂、增强纤维、摩擦改性剂、填料和化学添加剂等。在这些配方中,增强纤维的作用举足轻重。过去,摩擦材料增强纤维主要是石棉,因为其廉价而且性能优异。在 20 世纪 80 年代末,由于人类意识到传统摩擦增强纤维石棉对人体和环境的危害,无石棉有机纤维增强的摩擦复合材料正逐步替代石棉材料应用于汽车制动摩擦块等部件。因此摩擦材料的制造工艺开始转向矿物、植物、金属和人造聚合纤维及其混合物,如钛酸钾晶须、玻璃、凯夫拉、碳、芳纶、玄武岩等。对于这些新型的纤维,不同纤维具有不同的特性,杂化纤维具有单一纤维所没有的特性。多种纤维杂化以提高其耐摩擦和耐磨损性能是未来的研究方向。

尽管以上纤维具有优良的耐摩擦磨损性能,但它们仍存在高成本、与树脂结合力弱、产生低频噪声、损害对偶、升温速度快等问题,而天然的黏土矿物海泡石可解决以上部分问题。对于海泡石增强摩擦材料,由于配方的复杂性,国内外均对所用材料和配方进行了专利保护。论文研究方面,孟小华等研究了芳纶和海泡石纤维共混作为增强体的树脂基摩擦材料,获得了最佳的海泡石添加量在15%。郝华伟对比了海泡石和硅灰石两种矿物作为摩擦材料的性能优劣,海泡石作为摩擦材料的摩擦系数略优于硅灰石,摩擦性能曲线也平稳于硅灰石,而硅灰石的优势为热稳定性和耐久性好;海泡石的优势为密度和硬度低,吸附能力强,可自清洁摩擦表面层。沈上越等从复合摩擦材料的冲击强度上研究比较,结果为：石棉的冲击强度最优，海泡石次之，硅灰石最差，经硬脂酸表面改性的材料强度优于未经改性的材料强度，海泡石和硅灰石两种材料以适宜的比例混合使用可达到国家标准。

王金刚等选用河北易县的热液型海泡石作为摩擦材料，经物理方法活化后，在适宜的配方下，海泡石所制得的摩擦片达到国标中第三类摩擦片的要求。刘勇比较了坡缕石（Pal）、海泡石（Sep）、石棉（Asb）、硅灰石（Wol）的摩擦磨损性能，得到平均摩擦系数 Asb＞Wol＞Sep＞Pal，摩擦系数波动性 Pal＞Asb＞Sep＞Wol，磨损率 Pal＞Asb＞Wol＞Sep，冲击强度 Asb＞Wol＞Sep＞Pal，说明海泡石的摩擦系数波动较稳定，纤维较脆弱，比较耐磨，摩擦系数较低。

王云鹏等研究了硅灰石/海泡石混杂增强摩擦材料的摩擦学行为，认为该材料的磨损主要存在磨料磨损、黏着磨损和疲劳磨损等，具有时间和温度的依赖性。邹段练等通过摩擦磨损试验确定了腰果壳油改性酚醛树脂、海泡石和硅灰石的最佳比例为 7∶4∶3，同时，引入离子注入工艺处理摩擦材料表面，有效降低了复合材料的摩擦系数和磨损情况。裴顶峰等首次将海泡石纤维应用于列车的制动闸瓦研制中，所得制动闸瓦具有特定要求的高摩擦系数，有利于快速实现制动，闸瓦抗冲击韧性好，强度可高达 $3.8kJ/m^2$，压缩模量较低，磨耗量低，从而实现了高磨合成闸瓦的自给自足。

5.8

▶▶

艺术领域

高品质的块状海泡石可以制作成烟斗。工匠可以将海泡石雕刻成各种形状的烟斗。雕刻好的海泡石干燥后抛光，再浸泡热蜂蜡数次就可以完成。海泡石石质细腻、柔软，故能在外壁雕刻出十分精巧细致的浮雕图案（一般取材自古希腊、古罗马的神话故事，也有动植物、人物等造型），具有很高的艺术价值。由于海泡石吸收力强，可以吸收烟草中的尼古丁、烟油等，因此使用日久的海泡石烟斗，在烟油和手汗的内外共同作用下，会表现出自然、深邃和高贵的棕金色。出产海泡石烟斗最有名的地方是意大利的瓦里西流域，那里的烟斗师手艺高超，遗憾的是海泡石烟斗的制作技艺已在当地几近失传。同时，土耳其造的海泡石烟斗也非常有名。海泡石烟斗见图 5-21。

图 5-21　海泡石烟斗

5.9

其他领域

气凝胶是指通过溶胶-凝胶法，用一定的干燥方式使气体取代凝胶中的液相而形成的一种纳米级多孔固态材料。以 $AlCl_3 \cdot 6H_2O$ 前驱体和海泡石纤维为原料，采用特殊的溶胶-凝胶工艺和超临界流体干燥法制备了一种具有优异韧性和机械加工性能的海泡石/氧化铝气凝胶复合材料。将海泡石加入 $AlCl_3 \cdot 6H_2O$ 含量高达 37%（质量分数）的铝溶胶中，得到的海泡石纤维长 60～100nm，直径 2～3nm，且分布均匀。随着海泡石掺量的增加，海泡石/氧化铝气凝胶复合材料在溶胶-凝胶过程和超临界流体干燥过程中均无收缩，而在加热至 1000℃时收缩率仅为 4.6%。与未掺杂的气凝胶相比，海泡石/氧化铝气凝胶复合材料在磨削、切片和打孔等方面表现出优异的韧性和可加工性。

以海泡石和氧化铝为原料，采用干压/烧结工艺在 1100～1350℃下烧结 2h 后制备了多孔堇青石陶瓷。1200℃以上时 α-堇青石开始形成，随着烧结温度的升高，α-堇青石的含量逐渐增加。提高烧结温度可以改善陶瓷的致密化（1000℃以上），降低热膨胀（1200℃以上）。以玉米淀粉为成孔剂，制备了孔径分布为双峰型（1.4～1.9μm 和 10μm）的多孔堇青石，且机械强度没有显著降低。

研究了具有良好黏弹性、力学性能和耐火性能的新型沥青胶黏剂并分析了路面用乳胶漆的实际性能。掺加了不同海泡石以及阻燃剂氢氧化铝，测试了阻燃效果。将两种海泡石 Pansil 和 Pangel B5（Tolsa 公司提供）混合后得到一种具有增效作用的海泡石，其中 Pansil 是未经改性的海泡石，Pangel B5 是有机改性海泡石，将未改性海泡石与有机改性海泡石混合用于乳胶漆中，发现其良好的防火性能与黏附性存在协同作用，该胶黏剂具有良好的流变性能，适用于铺装作业。

印花糊料是指加在印花色浆中能起到增稠作用的高分子化合物。分别以海泡石和煤油、海泡石和羧甲基纤维素钠、海泡石和海藻酸钠为主要成分，通过优化配方和工艺，可以制备出印花糊料。印花色浆的调制工艺简单、操作方便、成本较低、安全环保。

使用双十八烷基二甲基氯化铵（DODMAC）在石蜡油中原位改性海泡石颗粒，并且基于海泡石颗粒间的相互作用极大提高了油相的黏度。加入25%（质量分数）$CaCl_2$ 水溶液并均质化后可以得到稳定的油包水乳液，由于改性海泡石的界面吸附和连续相中网络结构的形成提高了乳液的稳定性。和球形颗粒相比，长烷基链改性剂改性的棒状颗粒在较低浓度下（质量分数为1%）就可以极大地提高乳液的稳定性。通过原位疏水改性的方法可以调控颗粒的润湿性，且该法不需要经过传统制备工艺中的分离和纯化过程。

研究了本色剑麻纤维以及烟梗纤维的添加比例对再造烟叶感官特性的影响，采用热重分析、纤维形态分析、纸张物理性能分析、感官评价等方法，研究了天然海泡石纤维的热解性质、纤维形态，以及替代烟梗纤维和本色剑麻纤维时的成纸物理性能及产品感官特性。结果表明：天然海泡石纤维具备较好的化学惰性和纤维强度，其加权平均长度为 $593\mu m$，长宽比为 27.3，纤维长度分布与烟梗较为接近，具备一定的造纸价值，适于再造烟叶的生产；天然海泡石可部分替代本色剑麻纤维和烟梗纤维，替代比例分别达到30%和50%，所制备的再造烟叶与普通再造烟叶产品相比具有明显的感官质量优势。

海泡石可作为提高橡胶基体综合性能的填充材料，研究了不同活化海泡石用量对该材料的硫化特性、拉伸性能、耐磨性能以及热稳定性的影响。活化海泡石纤维在氟橡胶基体中分散均匀；海泡石纤维的应用提高了复合材料的交联度、硬度以及耐磨性能；海泡石纤维含量的变化使氟橡胶复合材料拉伸强度呈现先增大后减小的趋势；随着海泡石用量增加，延缓了橡胶的热分解，提高了橡胶的热稳定性。

参考文献

[1] 吕俊飞，巩龙达，蔡梅，等 . 矿物对轻度重金属污染水稻田土壤 Cd 的钝化效果 [J] . 生态与农村环境学报，2022，38（3）：391-398.

[2] 韩晓晴，白璐，韦建林，等 . 柱撑改性海泡石钝化修复砷镉复合污染土壤 [J] . 湖南有色金属，

2018, 34 (2)：51-55.

［3］Xu Y, Liang X F, Xu Y M, et al. Remediation of heavy metal-polluted agricultural soils using clay min-
erals：A review［J］. Pedosphere, 2017, 27 (2)：193-204.

［4］党义伟, 王婉琴, 李婕, 等. 海泡石对菜地土壤 Cd 污染的影响［J］. 山西化工, 2020, 40 (5)：
17-18.

［5］李琳佳, 夏建国, 唐枭, 等. 海泡石对污染土壤中铅的钝化效果［J］. 生态环境学报, 2019, 28
(5)：1013-1020.

［6］马烁, 熊双莲, 熊力, 等. 铁改性海泡石吸附镉和砷效果及其影响因素［J］. 水处理技术, 2019, 45
(10)：73-77.

［7］龙来寿, 周悦, 郭会时, 等. 功能化磁性海泡石修复重金属污染土壤的研究［J］. 韶关学院学报,
2021, 42 (3)：48-52.

［8］黄湘云, 何文艳, 李金鑫, 等. 酸热活化、有机化、柱撑改性海泡石对土壤中钒的吸附固定［J］. 环
境工程, 2020, 38 (2)：147-152.

［9］Li Y F, Wang M X, Sun D J, et al. Effective removal of emulsified oil from oily wastewater using sur-
factant-modified sepiolite［J］. Applied Clay Science, 2018, 157：227-236.

［10］于生慧. 纳米环境矿物材料的制备及重金属处理研究［D］, 合肥：中国科学技术大学, 2016.

［11］谢婧如, 陈本寿, 张进忠, 等. 巯基改性海泡石吸附水中的 Hg (Ⅱ)［J］. 环境科学, 2016, 37
(6)：2187-2194.

［12］梁学峰. 黏土矿物表面修饰及其吸附重金属离子的性能规律研究［D］. 天津：天津大学, 2015.

［13］李秀玲, 谭玉婷, 柳亚清, 等. 海泡石矿粉对水中镍的吸附及再生性能研究［J］. 工业水处理,
2020, 40 (12)：79-82.

［14］于生慧, 姜铭峰, 王倩琳, 等. 基于海泡石制备的含镁纳米复合材料对 Cr (Ⅲ) 去除的研究［J］.
陕西科技大学学报, 2019, 37 (2)：24-30.

［15］代娟, 刘洋, 熊佰炼, 等. 复合改性海泡石同步处理废水中的氮磷［J］. 环境工程学报, 2014, 8
(5)：1732-1738.

［16］刘蕊蕊. 海泡石负载与晶面调控纳米 TiO₂ 及其光催化性能研究［D］. 北京：中国建筑材料科学研
究总院, 2019.

［17］李艳, 王程, 杜国强. 静电自组装制备海泡石负载纳米 TiO₂ 复合光催化材料研究［J］. 高校化学工
程学报, 2011, 25 (5)：871-876.

［18］徐永花, 诰清华. 负载型海泡石/TiO₂ 光催化剂的敏化及对结晶紫的降解研究［J］. 化学工业与工
程技术, 2007 (3)：19-21.

［19］张天永, 李彬, 柴义, 等. TiO₂/海泡石负载型催化剂的制备及其光催化活性［J］. 感光科学与光化
学, 2005 (6)：23-29.

［20］刘玉茹, 费学宁, 郝亚超, 等. 海泡石负载型纳米铁的制备及其对六氯丁二烯的降解特性［J］. 环
境化学, 2013, 32 (11)：2156-2161.

［21］徐柳, 邹炎, 王可心, 等. 海泡石负载纳米铁去除水中三氯乙烯实验研究［J］. 水处理技术, 2018,
44 (3)：45-48.

［22］母娜. 海泡石负载型纳米零价铁去除水和土壤中的多溴联苯醚［D］. 上海：上海应用技术学
院, 2015.

[23] 刘莹，毛增玥，王梓颖，等. 多巴胺改性海泡石的制备及吸附性能研究 [J]. 精细石油化工，2021，
　　 38（2）：50-56.

[24] 许朋朋. SDS/海泡石的制备及其对罗丹明 B 吸附的研究 [D]. 淮南：安徽理工大学，2016.

[25] 张丽蓉. 有机改性海泡石对染料孔雀石绿的吸附试验研究 [D]. 长沙：湖南大学，2013.

[26] 李计元，李亚静，马玉书，等. 有机海泡石对甲基橙吸附性能研究 [J]. 非金属矿，2010，33（5）：
　　 67-70.

[27] Wang Q J，Tang A D，Zhong L F，et al. Amino-modified γ-Fe_2O_3/sepiolite composite with rod-like
　　 morphology for magnetic separation removal of Congo red dye from aqueous solution [J]. Powder
　　 Technology，2018，339：872-881.

[28] 林鑫，胡筱敏. 热活化对海泡石处理模拟含油废水性能的影响 [J]. 环境工程，2013，31（2）：
　　 38-41.

[29] 仇胜萌. 超疏水改性海泡石包覆聚氨酯海绵对浮油去除性能研究 [D]. 济南：山东大学，2019.

[30] 李云飞. 有机改性海泡石对三元复合驱采出水中乳化油的去除研究 [D]. 济南：山东大学，2018.

[31] 吴春笃，侯纯莉，杨峰，等. 海泡石、膨润土改性壳聚糖对景观水絮凝效果的研究 [J]. 生态环境，
　　 2008（1）：50-54.

[32] 骆灵喜，林秋月，王波. 低强度超声波强化改性海泡石去除微囊藻的试验研究 [J]. 安全与环境工
　　 程，2017，24（3）：62-65，70.

[33] 聂利华，刘德忠，姚守拙. 海泡石应用于有害气体的吸附 [J]. 化学世界，1989（5）：3-5.

[34] 冯秀娟，王海宁，普红平. 改性海泡石在环境污染治理中的应用 [J]. 环境污染治理技术与设备，
　　 2004（4）：80-83.

[35] 贺洋. 低品质海泡石提纯及吸附性能研究 [J]. 非金属矿，2019，42（4）：56-57.

[36] 高轩. 改性海泡石制备及其甲醛吸附性能研究 [D]. 湘潭：湘潭大学，2020.

[37] 刘蕊蕊，冀志江，谭建杰，等. 海泡石基金属氧化物复合材料的合成及其光催化性能研究进展 [J].
　　 材料导报，2017，31（9）：152-157，171.

[38] 方佳浚，任子杰，高惠民，等. 无机有机联合改性海泡石对苯的吸附特性研究 [J]. 硅酸盐通报，
　　 2021，40（1）：172-179.

[39] 马影利，郭振华，兴益，等. Co^{2+}/$AgNbO_3$ 复合海泡石材料的制备及对甲苯的光催化性能研究 [J].
　　 现代化工，2018，38（3）：142-146.

[40] 梁伟朝. 海泡石改性及其吸附挥发性有机物机理与过程研究 [D]. 石家庄：河北科技大学，2016.

[41] Irani M，F M H，Ismail H，et al. Modified nanosepiolite as an inexpensive support of tetraethylene-
　　 pentamine for CO_2 sorption [J]. Nano Energy，2015（11）：235-246.

[42] Vilarrasa-García E，Cecilia J A，Bastos-Neto M，et al. Microwave-assisted nitric acid treatment of se-
　　 piolite and functionalization with polyethylenimine applied to CO_2 capture and CO_2/N_2 separation [J].
　　 Applied Surface Science，2017，410（Jul. 15）：315-325.

[43] Ouyang J，Zheng C H，Gu W，et al. Textural properties determined CO_2 capture of tetraethylenepen-
　　 tamine loaded SiO_2 nanowires from α-sepiolite [J]. Chemical Engineering Journal，2018（4）：
　　 342-350.

[44] Jiang H Y. Preparation and absorption/desorption performance of gypsum-based Humidity controlling
　　 materials [J]. Journal of Wuhan University of Technology（Materials Science Edition），2011，26

(4)：684-686.

[45] Miao J J, Jing Z Z, Li P, et al. Synthesis of a novel humidity self-regulating material from riverbed sediment for simulating cave dwellings performance [J]. Journal of Building Engineering, 2018 (10)：15-20.

[46] Mármol G, Savastano H, Fuente E, et al. Effect of sepiolite addition on fibre-cement based on MgO-SiO systems [J]. Cement and Concrete Research, 2019, 124：105816.

[47] Taghiyari H R, Soltani A, Esmailpour A, et al. Improving thermal conductivity coefficient in oriented strand lumber (OSL) using sepiolite [J]. Nanomaterials, 2020, 10 (4)：1-15.

[48] Yan B, Duan P, Ren D M. Mechanical strength, surface abrasion resistance and microstructure of fly ash-metakaolin-sepiolite geopolymer composites [J]. Ceramics International, 2016, 43 (1)：1052-1060.

[49] 许小荣, 建芬, 成岳, 等. 负载型海泡石无机抗菌剂的制备及其抗菌性能研究 [J]. 武汉工业学院学报, 2009, 28 (1)：17-19.

[50] 吴生泰. 改性海泡石负载纳米银的抗菌材料制备及抗菌性能研究 [D]. 湘潭：湘潭大学, 2017.

[51] Wicklein B, Aranda P, Ruiz-Hitzky E, et al. Hierarchically structured bioactive foams based on poly-vinyl alcohol-sepiolite nanocomposites [J]. Journal of Materials Chemistry B, 2013 (23)：2911-2920.

[52] Castro-Smirnov F A, Ayache J, Bertrand J R, et al. Cellular uptake pathways of sepiolite nanofibers and DNA transfection improvement [J]. Scientific Reports, 2017, 7 (1)：5586.

[53] Wicklein B, Burgo M A M, Yuste M, et al. Lipid-based bio-nanohybrids for functional stabilisation of influenza vaccines [J]. European Journal of Inorganic Chemistry, 2012 (9)：5186-5191.

[54] Fernandes A C, Antunes F, Pires J. Sepiolite based materials for storage and slow release of nitric ox-ide [J]. New Journal of Chemistry, 2013, 37 (12)：4052-4060.

[55] Aranda P, Lo Dico G, Lisuzzo L, et al. Sepiolite-halloysite nanoarchitectures and their role in func-tional nanocomposites [C]. ACS Proceedings of the 255th National Meeting & Exposition of the A-merican Chemical Society, New Orleans, 2018.

[56] Wicklein B, Darder M, Aranda P, et al. Bioorganoclays based on phospholipids as immobilization hosts for biological species [J]. Langmuir, 2010, 26：5217-5225.

[57] Calabrese I, Liveri M L T, Ferreira M J, et al. Porous materials as delivery and protective agents for vitamin A [J]. RSC Advances, 2016, 6：66495-66504.

[58] Ragu S, Piétrement O, Lopez B S. Binding of DNA to natural sepiolite：applications in biotechnology and perspectives [J]. Clays and Clay Minerals, 2021 (12)：633-640.

[59] Mizutani T, Fukushima Y, Okada A, et al. Hydrothermal synthesis of sepiolite [J]. Clay Min-er. 1991, 26 (3)：441-445.

[60] Zhuang G Z, Zhang Z P, Chen H W. Influence of the interaction between surfactants and sepiolite on the rheological properties and thermal stability of organo-sepiolite in oil-based drilling fluids [J]. Mi-croporous and Mesoporous Materials, 2018 (12)：143-154.

[61] Zhuang G Z, Zhang Z P, Gao J H, et al. Influences of surfactants on the structures and properties of organo-palygorskite in oil-based drilling fluids [J]. Microporous and Mesoporous Materials, 2017

海泡石矿物材料：加工·分析·设计·应用

(5)：37-46.

［62］ Zhuang G Z，Zhang Z P，Maguy J，et al. Comparative study on the structures and properties of orga-no-montmorillonite and organo-palygorskite in oilbased drilling fluids ［J］. Journal of Industrial and Engineering Chemistry，2017（12）：248-257.

［63］ İşçi E，İşçiTurutoğlub S. Stabilization of the mixture of bentonite and sepiolite as a water based drilling fluid ［J］. Journal of Petroleum Science and Engineering，2011（2）：1-5

［64］ Al-Malki N，Pourafshary P，Al-Hadrami H，et al. Controlling bentonitebased drilling mud properties using sepiolite nanoparticles ［J］. Petroleum Exploration and Development，2016，43：717-723.

［65］ Zhuang G Z，Zhang Z P，Peng S M，et al. Enhancing the rheological properties and thermal stability of oil-based drilling fluids by synergetic use of organo-montmorillonite and organo-sepiolite ［J］. Applied Clay Science，2019，161：505-512.

［66］ Ettehadi A，Altun G. Extending thermal stability of calcium carbonate pills using sepiolite drilling fluid ［J］. Petroleum Exploration & Development，2017，44：477-486.

［67］ Degirmenbasia N，Boz N，Kalyonc D M. Biofuel production via transesterification using sepiolite-sup-ported alkaline catalysts ［J］. Applied Catalysis B：Environmental，2014（150-151）：147-156.

［68］ Al-Ani A，Gertisser R，Zholobenko V. Structural features and stability of Spanish sepiolite as a poten-tial catalyst ［J］. Applied Clay Science，2018，162：297-304.

［69］ 欧宁. 改性海泡石负载型镍基催化剂的制备及其催化性能研究 ［D］. 湘潭：湘潭大学，2019.

［70］ 李小玉，石秋杰，罗迎庆. Ni-B-Mo 合金/改性海泡石催化糠醛液相加氢制糠醇 ［J］. 石油化工，2007（3）：256-260.

［71］ 蒋达华，张鑫林，廖绍瑶，等. 海泡石基定形相变材料的制备及热湿性能研究 ［J］. 非金属矿，2019，42（2）：72-75.

［72］ 武克忠，王红，李万领，等. 新戊二醇/海泡石复合贮热材料的性能测定 ［J］. 河北师范大学学报，2002（2）：169-171.

［73］ Shen Q，Liu S Y，Ouyang J，et al. Sepiolite supported stearic acid composites for thermal energy stor-age ［J］. RSC Adv，2016，6（113）：112493-112501.

［74］ Shen Q，Ouyang J，Zhang Y，et al. Lauric acid/modified sepiolite composite as a form-stable phase change material for thermal energy storage ［J］. Applied Clay Science，2017，146：14-22.

［75］ Konuklu Y，Ersoy O，Erzin F. Development of pentadecane/diatomite and pentadecane/sepiolite nano-composites fabricated by different compounding methods for thermal energy storage ［J］. International Journal of Energy Research，2019.

［76］ Konuklu Y，Ersoy O. Preparation and characterization of sepiolite-based phase change material nano-composites for thermal energy storage ［J］. Applied Thermal Engineering，2016，107：575-582.

［77］ Sari A，Sharma R K，Hekimoğlu G，et al. Preparation，characterization，thermal energy storage properties and temperature control performance of form-stabilized sepiolite based composite phase change materials - ScienceDirect ［J］. Energy and Buildings，2019（188-189）：111-119.

［78］ Cui W W，Zhang H Z，Xia Y P，et al. Preparation and thermophysical properties of a novel form-sta-ble $CaCl_2$ center dot $6H_2O$/sepiolite composite phase change material for latent heat storage ［J］. Jour-nal of Thermal Analysis & Calorimetry，2018，131（1）：57-63.

［79］ Deng C H, Jiang Y H, Fan Z Y, et al. Sepiolite-based separator for advanced Li-ion batteries ［J］. Applied Surface Science, 2019 (484): 446-452.

［80］ Chang Y, Liu Z H, Fu Z B, et al. Preparation and characterization of one-dimensional core-shell sepiolite/polypyrrole nanocomposites and effect of organic modification on the electrochemical properties ［J］. Industrial & Engineering Chemistry Research, 2013, 53 (1): 38-47.

［81］ Mejía A, Devaraj S, Guzmán J, et al. Scalable plasticized polymer electrolytes reinforced with surface-modified sepiolite fillers-A feasibility study in lithium metal polymer batteries ［J］. Journal of Power Sources, 2016, 306: 772-778.

［82］ Chen Q Z, Zhu R L, Liu S H, et al. Self-templating synthesis of silicon nanorods from natural sepiolite for high-performance lithium ion battery anodes ［J］. Journal of Materials Chemistry A, 2018, 6 (15): 6356-6362.

［83］ Yuan G L, Pan J N, Zhang Y Y, et al. Sepiolite/CNT/S@PANI composite with stable network structure for high performance lithium sulfur batteries ［J］. RSC Advances, 2018, 8 (32): 17950-17957.

［84］ Chelladurai K, Rengapillai S, Wang F M, et al. Sepiolite enfolded sulfur/ZnO binary composite cathode material for Li-S battery ［J］. Frontiers in Materials, 2020, 7.

［85］ Ruiz-García C, Pérez-Carvajal J, Berenguer-Murcia A, et al. Clay-supported graphene materials: application to hydrogen storage ［J］. Physical Chemistry Chemical Physics, 2013, 15 (42): 18635-18641.

［86］ Chang-Keun B, Giselle S, Jai P, et al. Hydrogen sorption on palladium-doped sepiolite-derived carbon nanofibers ［J］. Journal of Physical Chemistry B, 2006, 110 (33): 16225-16231.

［87］ Wang K, Li T T, Xie S, et al. Influence of organo-sepiolite on the morphological, mechanical, and rheological properties of PP/ABS blends ［J］. Polymers, 2019, 11 (9): 1493.

［88］ Laoutid F, Persenaire O, Bonnaud L, et al. Flame retardant polypropylene through the joint action of sepiolite and polyamide 6 ［J］. Polymer Degradation and Stability, 2013 (98): 1972-1980.

［89］ Salvatore P, Domenico A, Pietro R. Influence of intumescent flame retardant and sepiolite on the mechanical and rheological behavior of polypropylene ［C］. AIP Conference Proceedings, 2016.

［90］ Bilotti E, Fischer H R, Peijs T. Polymer nanocomposites based on needle-like sepiolite clays: Effect of functionalized polymers on the dispersion of nanofiller, crystallinity, and mechanical properties ［J］. Applied Polymer Science, 2008 (107): 1116-1123.

［91］ Nuñez K, Rosales C, Perera R, et al. Nanocomposites of PLA/PP blends based on sepiolite ［J］. Polymer Bulletin, 2011 (67): 1991-2016.

［92］ Morales E, Ojeda M C, Linares A, Acosta J L. Dynamic mechanical analysis of polypropylene composites based on surface-treated sepiolite ［J］. Polymer Engineering & Science, 1992 (32): 769-772.

［93］ Hirayama S, Hayasaki T, Okano R, et al. Preparation of polymer-based nanocomposites composed of sustainable organo-modified needlelike nanoparticles and their particle dispersion states in the matrix ［J］. Polymer Engineering & Science, 2020 (60): 541-552.

［94］ Asensio M, Herrero M, Núñez K, et al. In situ polymerization of isotactic polypropylene sepiolite nanocomposites and its copolymers by metallocene catalysis ［J］. European Polymer Journal, 2018 (100): 278-289.

[95] Singh V P, Kapur G S, Kant S, et al. High-density polyethylene/needle-like sepiolite clay nanocomposites: Effect of functionalized polymers on the dispersion of nanofiller, melt extensional and mechanical properties [J]. RSC Advance, 2016 (6): 59762-59774.

[96] Samper-Madrigal M, Fenollar O, Dominici F, et al. The effect of sepiolite on the compatibilization of polyethylene-thermoplastic starch blends for environmentally friendly films [J]. Journal of Materials Science, 2014 (50): 863-872.

[97] Zhang Q T, Li S X, Hu X P, et al. Structure, morphology, and properties of LDPE/sepiolite nanofiber nanocomposite [J]. Polymers Advanced Technologies, 2017 (28): 958-964.

[98] Mir S, Yasin T, Halley P J, et al. Thermal and rheological effects of sepiolite in linear low-density polyethylene/starch blend [J]. Applied Polymer Scienc, 2013 (127): 1330-1337.

[99] Abbasi A, Mehdipour-Ataei S. Novel Sepiolite-based poly (amide-imide) nanocomposites: preparation and properties [J]. Polymer-Plastics Technology and Engineering, 2014 (53): 596-603.

[100] Fernandez-Barranco C, Kozioł A E, Drewniak M, et al. Structural characterization of sepiolite/polyamide6,6 nanocomposites by means of static and dynamic thermal methods [J]. Applied Clay Science, 2018 (153): 154-160.

[101] Torró-Palau A, Fernández-Garcíaa J C, CésarOrgilés-Barceló A, et al. Structural modification of sepiolite (natural magnesium silicate) by thermal treatment: effect on the properties of polyurethane adhesives [J]. International Journal of Adhesion and Adhesives, 1997 (17): 111-119.

[102] Yu G H, Chen H X, Wang W W, et al. Influence of sepiolite on crystallinity of soft segments and shape memory properties of polyurethane nanocomposites [J]. Polymer Composites, 2016, 39: 1674-1681.

[103] Bidsorkhi H C, Adelnia H, Naderi N, et al. Ethylene vinyl acetate copolymer nanocomposites based on (un) modified sepiolite: Flame retardancy, thermal, and mechanical properties [J]. Polymer Composites, 2017, (38): 1302-1310.

[104] Fauzi N T M, Mohamad Z. Mechanical properties of polyamide 6 (pa6)/ethylene vinyl acetate (eva)/ sepiolite composite [J]. Applied Mechanics and Materials, 2014 (554): 62-65.

[105] 孟小华, 李玉红. 海泡石纤维含量对树脂基摩擦材料性能的影响 [J]. 化工中间体, 2008 (5): 16-18, 39.

[106] 郝华伟. 海泡石及硅灰石纤维的矿物学特性及其在无石棉刹车片中的应用 [J]. 非金属矿, 2003, 26 (5): 56-57.

[107] 沈上越, 李珍, 刘新海, 等. 针状硅灰石和纤维状海泡石在摩擦材料中的应用 [J]. 矿产综合利用, 2002 (5): 7-10.

[108] 王金刚, 申坤瑞, 张俊豪, 等. 以海泡石为基材的汽车制动摩擦片的研制 [J]. 汽车工程, 2005, 27 (2): 237-238, 245.

[109] 刘勇. 贵州大方纤维状坡缕石对汽车摩擦材料性能影响的基础研究 [D]. 贵阳: 贵州大学, 2007.

[110] 王云鹏, 马云海, 佟金, 等. 硅灰石/海泡石纤维混杂增强摩擦材料的摩擦学行为 [J]. 电子显微学报, 2006 (25): 163-164.

[111] 邹段练, 欧雪梅, 吴静晰, 等. 离子注入矿物填充聚合物复合材料的摩擦磨损性能 [C]. 第八届全国摩擦学大会论文集, 2007: 140-143.

第 5 章　海泡石矿物材料的应用

［112］裴顶峰，张国文，党佳，等．海泡石纤维在新型高摩擦因数合成闸瓦中的应用［J］．非金属矿，2011，34（5）：79-81.

［113］Zhang X G，Zhang R，Zhao C. Ultra-small sepiolite fiber toughened alumina aerogel with enhanced thermal stability and machinability［J］．Journal of Porous Materials，2020，27（1/2/3）：1535-1546.

［114］Zhou J E，Dong Y C，Stuart H，et al. Utilization of sepiolite in the synthesis of porous cordierite ceramics［J］．Applied Clay Science，2011，52（3）：328-332.

［115］Barral M，Garmendia P，Munoz M E，et al. Novel bituminous mastics for pavements with improved fire performance［J］．Construction and Building Materials，2012，30（30）：650-656.

［116］胡涌，陈镇，阳祺，等．3种基于海泡石的新型印花糊料的对比分析［J］．纺织科技进展，2018（11）：5.

［117］张厉．有机胺对黏土颗粒润湿性和油酸聚集体的调控［D］．济南：山东大学，2017.

［118］戴魁，邹鹏，秦超，等．天然海泡石纤维在造纸法再造烟叶中的应用［J］．烟草科技，2018，51（2）：55-61.

［119］粟英亮．海泡石/氟橡胶复合材料热稳定性研究［D］．桂林：桂林电子科技大学，2014.

附 录

附录1

《钻井液材料规范》(GB/T 5005—2010)(节选)

9 海泡石

9.1 概述

9.1.1 钻井级海泡石是一种天然存在的黏土矿物。它含有的附属矿物包括石英、长石和方解石。

9.1.2 按本标准提供的海泡石应符合表 7 规定的技术要求。

表 7 海泡石技术要求

项　目	指　标
悬浮液黏度计 600r/min 读值	≥30
75μm 筛余(质量分数)/%	≤8.0
水分(质量分数)/%	≤16.0

9.2 试剂与仪器——悬浮液性能

　　a) 氯化钠（化学纯）；

b) 去离子水或蒸馏水；

c) 消泡剂；

d) 温度计：精度为 0.5℃；

e) 天平：精度为 0.01g；

f) 搅拌器：如装有 9B29X 叶轮的 9B 型多轴搅拌器（负载转速 11000r/min±300r/min），或等效物，转轴应装有单正弦波形的叶片，叶片直径约 25mm，冲压面向上安装；

g) 搅拌杯：近似尺寸为深 180mm，上口直径 97mm，下底直径 70mm（例如 M110-D 型 Hamilton Beach 搅拌杯或等效物）；

h) 直读式黏度计：符合 GB/T 16783.1—2006；

i) 刮刀；

j) 量筒：两只，容量 500mL±5mL 和 10mL±0.1mL；

k) 容器：带玻璃或塑料塞子或盖子，盛盐水用；

l) 滤纸：Whatman 50 型，或等效物；

m) 计时器：机械式或电子式；

n) 漏斗。

9.3 测试步骤——悬浮液流变性

9.3.1 配制足量的饱和盐水溶液。方法是取一个合适的容器，按照每 100mL±1mL 去离子水加 40g～45g 氯化钠的比例混合，并充分搅拌。将溶液静置约 1h，然后将上层清液轻轻倒出或过滤至一个储存容器。

9.3.2 制备海泡石悬浮液。边在搅拌器上搅拌边向 350mL±5mL 饱和盐水中加入 20g±0.01g 海泡石（收到的样品）。

9.3.3 在搅拌 5min±0.5min 后，从搅拌器上取下搅拌杯，用刮刀刮下粘在杯壁上的所有海泡石。将粘在刮刀上的所有海泡石混到悬浮液中。

9.3.4 将搅拌杯重新放到搅拌器上继续搅拌。必要时，再过 5min 和 10min 后从搅拌器上取下搅拌杯，刮下粘在杯壁上的所有海泡石。总搅拌时间应为 20min±1min。

9.3.5 将悬浮液倒入为直读式黏度计配备的样品杯中。加入 2 滴～3 滴消泡剂并用刮刀搅拌，以消除表面的泡沫。将样品杯放在直读式黏度计上，测定黏度计在 600r/min 时的读值。读值应在达到稳定值后读取。测定应在悬浮液温度为 25℃±1℃条件下进行。

9.4 试剂与仪器——75μm 筛余

a) 六偏磷酸钠（化学纯）；

b) 烘箱：可控制在 105℃±3℃；

c）天平：精度为 0.01g；

d）搅拌器：如装有 9B29X 叶轮的 9B 型多轴搅拌器（负载转速 11000r/min±300r/min）或等效物；转轴应装有单正弦波形的叶片，叶片直径约 25mm，冲压面向上安装；

e）搅拌杯：近似尺寸为深 180mm，上口直径 97mm，下底直径 70mm（例如 M110-D 型 Hamilton Beach 搅拌杯或等效物）；

f）刮刀；

g）筛子：75μm，符合 ASTM E 161 的要求，近似尺寸为直径 76mm，从上边框到筛网高 69mm；

h）喷嘴：带有 1/4 TT 喷嘴体（Spraying Systems 公司的带有 1/4 TT 喷嘴体的 TG 6.5 喷嘴，或等效物），接到带有 90°弯头的水管线上；

i）水压调节器：能调节至 69kPa±7kPa；

j）蒸发皿；

k）洗瓶。

9.5　测试步骤——75μm 筛余

9.5.1　称取 10g±0.01g 海泡石。

9.5.2　将称取的海泡石样品加入到含有 0.2g 六偏磷酸钠的 350mL 水中。

9.5.3　在搅拌器上搅拌 30min±1min。

9.5.4　将样品转移至筛子中。用洗瓶将容器中的全部物料转移至筛子中。用从喷嘴出来的压力为 69kPa±7kPa 的水流冲洗筛网上的物料 2min±15s。冲洗时，使喷嘴大致位于筛子顶部的平面上，并且在样品上方反复移动水流。

9.5.5　将残留物从筛子冲洗到已称量的蒸发皿中，并轻轻倒出多余的清水。

9.5.6　在 105℃±3℃的烘箱中将筛余烘干至恒重（称准至±0.01g）。记录筛余质量 m_2。

9.6　计算——75μm 筛余

按式(28)计算 75μm 筛余的含量 w_1：

$$w_1 = \frac{m_2}{m} \cdots\cdots\cdots\cdots\cdots\cdots\cdots\cdots\cdots\cdots (28)$$

式中：w_1——筛余含量；

m——样品质量，单位为克（g）；

m_2——75μm 筛余质量，单位为克（g）。

9.7 试剂与仪器——水分

a) 烘箱：可控制在 105℃±3℃

b) 天平：精度为 0.01g；

c) 蒸发皿；

d) 刮刀；

e) 干燥器：装有硫酸钙（化学纯）干燥机，或等效物。

9.8 测试步骤——水分

9.8.1 称取 10g±0.01g 海泡石样品至已称量的蒸发皿中，将样品质量记作 m。

9.8.2 在 105℃±3℃的烘箱中将样品烘干至恒重（称准至±0.01g）。

9.8.3 在干燥器中冷却至室温。

9.8.4 再次称量盛有干燥后的凹凸棒石的蒸发皿，将干样质量记作 m_2。

9.9 计算——水分

按式(29)计算水分的含量 w_6：

$$w_6 = 100 \times \frac{m - m_2}{m} \quad\cdots\cdots\cdots\cdots\cdots\cdots\cdots\cdots\cdots\cdots\cdots\cdots (29)$$

式中：w_6——水分的含量（质量分数），%；

m——样品质量，单位为克（g）；

m_2——干样质量，单位为克（g）。

附录 2

《海泡石》(JC/T 574—2006)(节选)

1 范围

本标准规定了海泡石产品的分类、技术要求、试验方法、检验规则、标志、包装、运输及贮存。

本标准适用于钻井泥浆、油脂脱色和一般工业用海泡石，其他用途的海泡石亦可参照采用。

3 术语和定义

下列术语和定义适用于本标准

3.1 活性度 Active grade

表明海泡石的活化程度，以每百克样品消耗 0.1mol/L 氢氧化钠标准溶液的体积（mL）来表示。

3.2 游离酸 Educt acid

海泡石黏土中以游离状态存在的酸，以 H_2SO_4 计，以％表示。

3.3 有害矿物 Harmful mineral

主要指斜纤维蛇纹石、角闪石、透闪石等有害矿物。

4 分类与标记

4.1 分类

4.1.1 产品按用途分为钻井泥浆用海泡石、油脂脱色用海泡石和一般工业用海泡石三类。

4.1.2 油脂脱色用海泡石根据脱色力分为Ⅰ类、Ⅱ类、Ⅲ类。

4.1.3 一般工业用海泡石根据纤维长度分为一般工业用纤维状海泡石和一般工业用黏土状海泡石两种，按其质量分为Ⅰ类、Ⅱ类、Ⅲ类。纤维长度小于等于 0.250mm 为黏土状海泡石，按最大细度分为 0.250mm、0.150mm 和 0.075mm 三种规格，分别用 250、150、75 表示；纤维长度大于 0.250mm 为纤维状海泡石，按纤维长度分为 4mm、3mm 和 2mm 三种规格。

5 技术要求

5.1 钻井泥浆用海泡石的技术要求见表 1。

表 1 钻井泥浆用海泡石技术要求

悬浮体性能，黏度计 600r/min 的读数/(mPa·s)	≥	30
筛余量(孔径 0.125mm 筛)/％	≤	2.0
水分/％	≤	10.0

5.2 油脂脱色用海泡石的技术要求见表 2。

表 2 油脂脱色用海泡石技术要求

项　　目		Ⅰ类	Ⅱ类	Ⅲ类
脱色力	≥	300	220	115
活性度	≥	80.0		
游离酸(以 H_2SO_4 计)/％	≤	0.20		

项　目	I类	II类	III类
筛余量(孔径0.075mm筛)/% ≤	5.0		
水分/% ≤	10.0		
有害矿物含量/% ≤	3		

5.3 一般工业用海泡石的技术要求应符合表3~表4规定。

表3　一般工业用纤维状海泡石技术要求

项目		I类			II类			III类		
规格		4mm	3mm	2mm	4mm	3mm	2mm	4mm	3mm	2mm
外观		呈白色、浅灰色、乳白色、浅黄色								
干式分级/%	+4.0mm	5	—	—	5	—	—	5	—	—
	+3.0mm	40	30	—	40	30	—	40	30	—
	+2.0mm ≥	60	50	30	60	50	30	60	50	30
	+1.0mm	80	60	60	80	60	60	80	60	60
	+0.25mm	90	85	80	90	85	80	90	85	80
	−0.25mm ≤	10	15	20	10	15	20	10	15	20
海泡石含量%	≥	75			85			55		
水分/%	≤	3.0								
含砂量/%	≤	3.0								
烧失量/%	≤	24.00								
有害矿物含量/%	≤	3								

表4　一般工业用黏土状海泡石技术要求

项　目		I类			II类			III类		
规格		250	150	75	250	150	75	250	150	75
外　观		呈白色、浅灰色、乳白色、浅黄色								
海泡石含量/%	≥	40			25			10		
孔径筛余量/%	≤	5.0								
水分/%	≤	3.0								
含砂量/%	≤	10.0								
烧失量/%	≤	24.00								
有害矿物含量/%	≤	3								

6 试验方法

6.1 外观检验

将样品放在洁净的白瓷盘内,观察其色泽进行判定。

6.2 化学成分及物理性能检验

6.2.1 仪器及装置

a) 天平:感量,0.001 和 0.0001g;

b) 高速搅拌机:承载状态下转速 (11000±300)r/min,带有直径为 2.5cm 的单个波纹状叶轮;

c) 搅拌筒:高 180mm,顶端内径 97mm,底端内径 70mm;

d) 黏度计:直读式,读数在 (0~300)mPa·s 之间,转速为 600r/min;

e) 分光光度计:波长 510mm,吸光度 (0~1.5),1cm 比色杯,蒸馏水作参比;

f) 磁力搅拌器;

g) 烘箱:温度为 (0~200)℃;

h) 高温炉:温度可保持为 (950±25)℃;

i) 标准筛:应符合 GB 6003 试验筛;

j) 恒温水浴:温度在 (95~100)℃;

k) 水压表:表压可调至 700kPa;

l) 电炉;

m) 中速定量滤纸;

n) 电动振筛机:应符合 GB 9909 有关规定;

o) 铝制托盘;

p) 坩埚;

q) X 射线衍射仪。

6.2.2 试剂

a) 盐酸:0.5%(体积分数);

b) 氯化钠饱和溶液:将约 40g 氯化钠加到 100mL 蒸馏水中,充分搅拌,并过滤;

c) 正辛醇:分析纯;

d) 中性磷酸盐;

e) 氢氧化钠:分析纯;

f) 氢氧化钠标准溶液:$c(NaOH)=0.1mol/L$,按 GB 601 配制;

g) 氢氧化钠溶液:$c(NaOH)=0.03mol/L$;

配制方法：称取 1.2g 氢氧化钠，溶于 100mL 水中，移入 1000mL 容量瓶中，稀释至刻度，摇匀。标定：精确称取于（105～110）℃烘 1h 的基准苯二甲酸氢钾（0.1～0.2）g，称准至 0.0001g。溶于 50mL 新煮沸过的冷水中，加 2～3 滴 1%酚酞指示剂，用 0.03mol/L 氢氧化钠标准溶液滴定溶液显微红色。氢氧化钠溶液浓度按式(1) 计算：

$$氢氧化钠溶液浓度(mol/L)=\frac{M}{V\times204.2} \cdots\cdots\cdots\cdots\cdots\cdots\cdots (1)$$

式中：M——苯二甲酸氢钾的质量，单位为克（g）；

$\quad\quad V$——滴定时消耗的氢氧化钠标准溶液的体积，单位为毫升（mL）；

204.2——苯二甲酸氢钾的摩尔质量。

h）乙酸钠标准溶液：c（CH_3COONa）＝0.1mol/L，称取 136.08g 乙酸钠（$CH_3COONa\cdot3H_2O$），称准至 0.001g，溶于 100mL 蒸馏水中，混匀；

i）1%酚酞指示剂；

j）标准土：脱色力 110；

注：可采用用浙江省仇山标准土或湖北地质实验室生产的标准土。

k）标准菜油：将市售菜油置于铝锅内，在电炉上加热（控制油温不要超过 100℃）1h。在加热过程中，每隔 10min 左右加入适量海泡石，并不断用玻璃棒搅拌，过滤，将滤液摇匀，取出少许在分光光度计上比色。滤液的吸光度小于 0.80 为宜，再加入适量菜油混匀，使其吸光度为 0.80±0.01，此即为标准菜油介质，装入棕色磨口瓶中保存备用。

6.2.3 试样及其制备

将按 7.2 条取得的试样倒在牛皮纸上，用翻滚法混匀（至少翻滚 15 次），用四分法成成两份，分别装入两个磨口瓶中，一份为备样，一份为试验样，各个试验样量根据需求称取，称样时用牛角勺在瓶里搅匀。

6.2.4 干式分级的测定

6.2.4.1 试验步骤

称取按 6.2.3 制备的试样 50g，精确到 0.001g，放入规定的标准筛内，开动电动振筛机连续筛摇 2min，筛完后将各层筛的筛余物放入称量瓶内分别称重。

6.2.4.2 结果计算

各层筛分百分含量（%）按式(2) 计算，精确至小数点后两位。

$$各层筛分百分含量(\%)=\frac{m_i}{m}\times100 \cdots\cdots\cdots\cdots\cdots\cdots (2)$$

式中：m_i——各层筛余物质量，单位为克（g）；

m——试样质量，单位为克（g）。

同一试样应进行平行测定，平行样间之差不大于3.0%，取其算术平均值为各层筛分百分含量的试验结果。

6.2.5 筛余量测定

6.2.5.1 试验步骤

称取20g试样，精确到0.001g，加到350mL含有0.2g中性磷酸盐的水中，在高速搅拌机上以（11000±300）r/min的转速搅拌2min。把试样倒入相应孔径的标准筛中，以压力68.9kPa的水流冲洗筛子上的试样2min左右，把筛余物冲洗到已知质量的蒸发皿中，在（105±3）℃的烘箱中烘干至恒重并称量。

6.2.5.2 结果计算

筛余量（%）按式(3)计算：精确至小数点后两位。

$$筛余量(\%)=\frac{m_1}{m}\times100 \quad\cdots\cdots\cdots\cdots\cdots\cdots\cdots\cdots\cdots\cdots\cdots\cdots (3)$$

式中：m_1——筛余物质量，单位为克（g）；

m——试样质量，单位为克（g）。

同一试样应进行平行测定，取测定结果的算术平均值为最终结果。

6.2.6 水分测定

6.2.6.1 试验步骤

称取2g试样，精确到0.0001g，放入已干燥称量的称量瓶中，在（105±3）℃的烘箱中烘（1～2）h，取出放入干燥器中，冷却30min称量。再放入烘箱中烘30min，按同样的方法冷却，称量至恒重。

6.2.6.2 结果计算

水分（%）按式(4)计算，精确至小数点后两位。

$$水分(\%)=\frac{m-m_2}{m}\times100 \quad\cdots\cdots\cdots\cdots\cdots\cdots\cdots\cdots\cdots\cdots (4)$$

式中：m_2——干燥后试样质量，单位为克（g）；

m——试样质量，单位为克（g）。

同一试样应进行平行测定，若平行样间之差不大于0.5%，取其算术平均值为试验结果，否则重新进行测定。

6.2.7 悬浮体性能测定

6.2.7.1 称取20g试样，精确到0.001g，一边用玻璃搅拌一边逐渐把试样加

入 350mL 氯化钠饱和溶液中，然后用高速搅拌机在（11000±300)r/min 的转速下搅拌 20min。把制成的悬浮体倒入适当的容器中，加入 2 滴正辛醇，并且用刮勺搅拌，把容器放到黏度计上，记录在 600r/min 转速下黏度计刻度盘的读数。

6.2.7.2 同一试样应进行平行测定，若平行测定读数之差不大于 4mPa·s，取其算术平均值为最终结果，否则应重新测定。

6.2.8 脱色力测定

6.2.8.1 试验步骤

6.2.8.1.1 用移液管取 15mL 标准菜油，移入干燥比色管内，加入（0.0600～0.2000)g 于（150±3)℃下烘干 30min 的海泡石试样，加塞摇动，使试样均匀分散于散油介质中。

6.2.8.1.2 将比色管置于温度（95～100)℃的水浴中加热 1h，每间隔 10min 取出摇动 1min，冷却后，用双层滤纸过滤于 50mL 的烧杯内。

6.2.8.1.3 全部过滤完后，在分光光度计上比色，读取吸光度 A。

6.2.8.1.4 分别精确称取 0，0.030，0.0500，0.0700，0.0900，0.1100，0.1500 和 0.2000g 标准土，各按上述方法测定其脱色后的吸光度，绘制标准土的用量与吸光度相对应的标准土脱色曲线。在曲线上查出与试样吸光度 A 相对应的标准土质量。

6.2.8.2 结果计算

脱色力按式(5) 计算，精确至整数位。

$$脱色力 = \frac{m_3}{m} \times T_0 \quad \cdots\cdots\cdots\cdots\cdots\cdots\cdots\cdots\cdots\cdots (5)$$

式中：m_3——与试样吸光度相对应的标准土质量，单位为克（g）；

m——试样质量，单位为克（g）；

T_0——标准土的脱色力。

同一试样应进行平行测定，若平行测定结果之差不大于 20，取其算术平均值为最终测定结果，否则应重新进行测定。

6.2.9 活性度测定

6.2.9.1 试验步骤

6.2.9.1.1 称取 20.00g 试样，置于 250mL 带磨口塞的锥形瓶中。加 100mL $c(CH_3COONa)=0.1mol/L$ 乙酸钠标准溶液，强烈振摇几次，加热至 30℃，迅速置于磁力搅拌器上，搅拌 15min 取下，再强烈振摇几下，立即过滤于洁净干燥的锥形瓶中。用移液管取 50mL 滤液于另一锥形瓶中，加入三滴酚酞指示剂，用

$c(\mathrm{NaOH})=0.1\mathrm{mol/L}$ 氢氧化钠标准溶液滴定至溶液呈微红色，保持半分钟不消失为终点。

6.2.9.1.2 按同样步骤以蒸馏水代替乙酸钠标准溶液做一空白试验。

6.2.9.2 结果计算

活性度按式(6) 计算，精确至小数点后两位。

$$活性度 = 2(V_1 - V_2)\frac{c(\mathrm{NaOH})}{0.1} \times \frac{100}{m} \quad\cdots\cdots\cdots\cdots\cdots \quad (6)$$

式中：V_1——样品消耗氢氧化钠标准溶液的体积，单位为毫升（mL）；

$\quad\quad V_2$——空白试验消耗氢氧化钠标准溶液体积，单位为毫升（mL）；

$c(\mathrm{NaOH})$——标定的氢氧化钠标准溶液的浓度，单位为摩尔每升（mol/L）；

$\quad\quad m$——试样质量，单位为克（g）；

$\quad\quad 2$——取样倍率。

同一试样应进行平行测定，若平行样间之差不大于 3.00，取其算术平均值为最终结果，否则应重新测定。

6.2.10 游离酸测定

6.2.10.1 试验步骤

称取 1g 试样，精准至 0.0001g，置于 150mL 烧杯中，加水约 50mL，加热煮沸 3min。将其过滤于 125mL 带磨口塞的锥形瓶中，以热蒸馏水洗涤烧杯和带有滤纸的漏斗 4～5 次，再将滤液煮沸以除去 CO_2，加盖盖严。冷却至室温后，加三滴酚酞指示液，用 $c(\mathrm{NaOH})=0.03\mathrm{mol/L}$ 氢氧化钠标准溶液滴定至溶液显微红色。

用蒸馏水按同样方法做一空白试验。

6.2.10.2 结果计算

游离酸含量（％）按式(7) 计算，精确至小数点后三位。

$$游离酸（以 H_2SO_4 \, 计，\%）= \frac{c(\mathrm{NaOH})(V_1 - V_2) \times 49 \times 10^{-3}}{m} \times 100 \quad\cdots\cdots \quad (7)$$

式中：$c(\mathrm{NaOH})$——标定的氢氧化钠标准溶液浓度，单位为摩尔每升（mol/L）；

$\quad\quad V_1$——滴定试样消耗氢氧化钠标准溶液的体积，单位为毫升（mL）；

$\quad\quad V_2$——空白试验消耗氢氧化钠标准溶液的体积，单位为毫升（mL）；

$\quad\quad m$——试样质量，单位为克（g）；

$\quad\quad 49 \times 10^{-3}$——与 1.00mL 氢氧化钠标准滴定溶液 $[c(\mathrm{NaOH})=1.000\mathrm{mol/L}]$ 相当的，以克表示的硫酸的质量。

同一试样应进行平行测定，若平行样间之差不大于 0.04%，取其算术平均值为最终结果，否则应重新测定。

6.2.11 含砂量的测定

6.2.11.1 试验步骤

称取试样 100g，放入铝制托盘中，注入清水，用玻璃棒搅拌后，慢慢将悬浮起的海泡石绒滤掉，反复数次，直至没有绒状物存在，然后放入（105±3）℃烘箱中干燥，烘干称重。

6.2.11.2 结果计算

含砂量（%）按式(8)计算，精确至小数点后两位。

$$含砂量(\%) = \frac{m_4 - m_5}{m} \times 100 \quad\cdots\cdots\cdots\cdots\cdots\cdots\cdots\cdots (8)$$

式中：m_4——铝制托盘和砂的质量，单位为克（g）；

m_5——铝制托盘质量，单位为克（g）；

m——试样质量，单位为克（g）。

6.2.12 烧失量的测定

6.2.12.1 试验步骤

将试样（105±3）℃干燥 2h 以上，置于干燥器中冷却至室温。称取 1g 试样，精确至 0.0001g，置于预先灼烧至恒量的瓷坩埚中。盖上坩埚盖并留一缝隙，置于高温炉中，从低渐高逐渐升高温度至（950±25）℃，灼烧 30min。取出坩埚，盖好坩埚盖，稍冷，置于干燥器中冷却 30min，称量。重复灼烧 20min，直至恒重。

6.2.12.2 结果计算

烧失量按式(9)计算，精确至小数点后三位。

$$烧失量(\%) = \frac{m_6 - m_7}{m} \times 100 \quad\quad\quad\quad (9)$$

式中：m_6——灼烧前试样和坩埚的质量，单位为克（g）；

m_7——灼烧后试样和坩埚的质量，单位为克（g）；

m——试样的质量，单位为克（g）。

取两次平行分析结果算出平均质量为最终分析。

6.2.13 矿物含量的测定

6.2.13.1 试验步骤

取试样约 10g 于玛瑙乳钵中研细至全部通过 200 目标准筛（孔径 75μm），混匀。将试样置于样品盒中压制成平滑的试样片；置试样片于 X 射线衍射仪的样品架上，按设备操作规程开机并进行照射。

6.2.13.2 结果计算

根据得到的衍射谱线，然后计算出海泡石、有害矿物的含量，精确至整数位。

附录 3

《饲料原料 海泡石》（DB43/T 886—2014）（节选）

1 范围

本标准规定了饲料原料海泡石的术语和定义、要求、试验方法、检验规则、标签、包装、运输、贮存和保质期。

本标准适用于我省以天然海泡石为原料经破碎、碾磨、筛分制成的饲料原料海泡石的生产、销售和检验。

3 术语和定义

下列术语和定义适应于本文件。

3.1 饲料原料 海泡石

是一类具链层状结构的水合富镁硅酸盐黏土矿物的加工粉末，用作饲料载体或稀释剂。分子式：$Mg_8[Si_{12}O_{30}](OH)_4 \cdot 12H_2O$

4 要求

4.1 感官

本品为白色、浅黄色或浅灰色粉末，不透明，触感光滑。

4.2 粉碎粒度

孔径为 0.83mm（20 目）分析筛全部通过，孔径为 0.25mm（60 目）的分析筛筛上物≤5％。

4.3 理化指标

理化成分指标应符合表 1 要求。

4.4 卫生指标

除应符合 GB 13078 的规定外，还应符合表 2 的要求。

表 1　理化成分指标

项　　目	指　　标
二氧化硅(SiO₂)	50～70
氧化镁(MgO)	17～20
水分	≤8

表 2　卫生指标

项　　目	指　　标
砷(As)/(mg/kg)	≤10
铅(Pb)/(mg/kg)	≤10
汞(Hg)/(mg/kg)	≤0.1
镉(Cd)/(mg/kg)	≤0.75
氟(F)/(mg/kg)	≤0.2

4.5　净含量

应符合国家质量监督检验检疫总局令［2005］第 75 号的规定。

5　检验方法

5.1　感官指标：

采用目测。

5.2　水分的测定：

按 GB/T 6435 的规定执行。

5.3　粒度的测定：

按 GB/T 5917 的规定执行。

5.4　二氧化硅的测定：

按 GB/T 14506.3 的规定执行。

5.5　氧化镁的测定：

按 GB/T 14506.7 的规定执行。

5.6　砷的测定

按 GB/T 13079 的规定执行。

5.7　铅的测定

按 GB/T 13080 的规定执行。

5.8　汞的测定

按 GB/T 13081 的规定执行。

5.9　镉的测定

按 GB/T 13082 的规定执行。

5.10 氟的测定

按 GB/T 13083 的规定执行。

5.11 净含量的测定

按 JJF 1070 的规定执行。

附录 4

《海泡石室内建筑装饰材料通用技术要求》
（DB43/T 1794—2020）（节选）

1 范围

本标准规定了海泡石室内建筑装饰材料的术语、定义、技术要求、试验方法、检验规则和包装、标志、运输、贮存。

本标准适用于含有海泡石的干粉状内墙功能涂覆材料。

3 术语和定义

3.1 海泡石室内建筑装饰材料 sepiolite indoor decorative building materials

以无机胶凝物质为主要粘接材料，海泡石为主要功能性填料，具有调湿、净化和防霉菌等功能的干粉状内墙涂覆材料。

4 要求

4.1 一般技术要求

产品的一般技术要求应符合表 1 的规定。

表 1 一般技术要求

序号	项目	指标
1	容器中状态	粉状、无结块
2	施工性	易混合均匀，施工无障碍
3	初期干燥抗裂性(6h)	无裂纹
4	表干时间/h	≤2
5	耐碱性(48h)	无起泡、裂纹、剥落，无明显变色

序号	项目		指标
6	粘接强度/MPa	标准状态①	≥0.50
		浸水后	≥0.30
7	耐温湿性能		无起泡、裂纹、剥落，无明显变色
8	比表面积/(m²/g)		≥20
9	海泡石含量/%		≥5

①标准状态为温度（23±2）℃，相对湿度（50±5）%下养护 7d。

4.2 功能性技术要求

产品的功能性技术要求应符合表 2 的规定。

表 2 功能性技术要求

序号	项目	指标
1	吸湿量 w_a/(1×10⁻³ kg/m²)	3h 吸湿量 w_a≥20
		6h 吸湿量 w_a≥27
		12h 吸湿量 w_a≥35
		24h 吸湿量 w_a≥40
2	放湿量 w_b/(1×10⁻³ kg/m²)	24h 放湿量 w_b≥w_a×70%
3	甲醛净化效率	≥80%
4	甲醛净化持久性	≥65%
5	抗霉菌性能	0 级
6	抗霉菌耐久性能	Ⅰ 级

4.3 有害物质限量

产品的有害物质限量应符合表 3 的要求。

表 3 有害物质限量

序号	项目		限量值
1	可溶性重金属/(mg/kg)	铅 Pb	≤10
2		镉 Cd	≤10
3		铬 Cr	≤10
4		汞 Hg	≤10
5	挥发性有机化合物含量(VOC)/(g/kg)		≤1
6	苯、甲苯、乙苯、二甲苯总和/(mg/kg)		≤50

序号	项目	限量值
7	游离甲醛/(mg/kg)	≤5
8	石棉	阴性(不得检出)

4.4 放射性核素限量

应符合 GB 6566—2010 中 A 类的要求。

5 试验方法

5.1 试验条件

实验室环境标准试验条件为：温度（23±2）℃，相对湿度（50±5)%。

5.2 试验样板的制备

5.2.1 试验基材

5.2.1.1 无石棉纤维水泥板

本标准中表干时间、耐碱性、初期干燥抗裂性、施工性和耐温湿性能的检测均采用无石棉纤维水泥平板。平板应符合 JC/T 412.1—2018 中 NAFH Ⅴ级的技术要求。厚度为 4～6mm。其表面处理按 GB/T 9271 中的规定进行。

5.2.1.2 砂浆块

本标准中粘接强度的检测采用砂浆块，按 GB/T 9779—2015 中 5.2.3 的规定制备。

5.2.1.3 玻璃平板

甲醛净化效率和甲醛净化持久效率的检测试板底板采用玻璃平板，按照 JC/T 1074—2008 中的规定进行。

5.2.1.4 贴膜纸板

抗霉菌性能与抗霉菌耐久性能的检测采用贴膜纸板。

5.2.2 试板要求

试板尺寸、数量、种类及养护时间按表 4 的规定进行。

表 4 试板要求

试验项目	试板尺寸/mm	试验基材	试板数量/个	养护时间/d
表干时间	150×70	无石棉纤维水泥平板	1	—
耐碱性			3	7
初期干燥抗裂性	200×150		2	—

试验项目	试板尺寸/mm	试验基材	试板数量/个	养护时间/d
施工性	430×150	无石棉纤维水泥平板	1	—
粘接强度	70×70×20	砂浆块	10	7
吸/放湿量	250×250	无石棉纤维水泥平板	3	7
耐温湿性能	150×150		3	7
甲醛净化效率	500×500	玻璃平板	4	7
甲醛净化持久性	500×500	玻璃平板	4	7
抗霉菌性能	50×50	贴膜纸板	3	7
抗霉菌耐久性能	50×50		3	7

5.2.3 试板的制备

产品未明示粉水比时，添加适量自来水搅拌均匀后刮涂制板。

5.3 容器中状态

目测。

5.4 施工性

用刮刀在试板表面涂刷试样，观察样品是否易于混合，混合是否均匀，涂装作业有无障碍。

5.5 初期干燥抗裂性

按 GB/T 9779—2015 中 5.6 规定的测试方法进行。

5.6 表干时间

按 GB/T 1728—1979 中乙法的规定进行。

5.7 耐碱性

按 GB/T 9265 的规定进行。

5.8 粘接强度

按 GB/T 9779—2015 中 6.18 规定的方法进行。

5.9 耐温湿性能

按 JC/T 2177—2013 中 5.9 规定的方法进行。

5.10 比表面积

按 GB/T 19587—2017 中规定的静态容量法进行。

5.11 海泡石含量

按 JC/T 574—2006 中 6.2.13 规定的方法进行。

5.12 吸、放湿量

按 JC/T 2082—2011 中 7.1 规定的方法进行。

5.13 甲醛净化效率、甲醛净化持久性

按 JC/T 1074—2008 中第 6 章规定的方法进行。

5.14 抗霉菌性能、抗霉菌耐久性能

按 HG/T 3950—2007 中的附录 B 规定的方法进行。

5.15 有害物质限量

石棉含量按 GB/T 23263 的规定进行，其他有害物质按 GB 18582 的规定进行。

5.16 放射性核素限量

按 GB 6566—2010 中第 4 章的规定进行。

附录 5

《海泡石空气净化剂》（DB43/T 1376—2017）（节选）

1 范围

本标准规定了海泡石空气净化剂的技术要求、试验方法、检验规则和包装、标志、运输、贮存。本标准适用于空气净化用颗粒状海泡石制品。

3 术语和定义

下列术语和定义适用于本文件。

3.1 甲醛去除率

在一定时间内，产品投入使用后试验舱内甲醛浓度下降的百分数，即对比试验舱甲醛浓度与样品试验舱甲醛浓度差与对比试验舱甲醛浓度之比。

4 产品分级

按照 2h 乙酸乙酯吸附容量和 24h 甲醛去除率指标，将产品分为：Ⅰ级、Ⅱ级、Ⅲ级。

5 技术要求

5.1 外观呈颗粒状，为浅灰色、浅黄色、白色或黑色物质。

5.2 技术指标应符合表 1 的要求。

表 1

项目		Ⅰ级	Ⅱ级	Ⅲ级
水分/%		≤5		
装填密度/(g/L)		≥600		
颗粒尺寸/mm		1.5～4.0		
比表面积/(m²/g)		≥260	≥180	≥140
可溶性重金属含量 /(mg/kg)	铅 Pb	≤18		
	砷 As	≤5.5		
	镉 Cd	≤1.0		
	汞 Hg	≤0.7		
化学成分/%	氧化镁 MgO	12～18		
	氧化铝 Al₂O₃	5～8		
	氧化硅 SiO₂	45～68		
2h 乙酸乙酯吸附容量/(mg/g)		≥220	≥190	≥140
24h 甲醛去除率/%		≥95	≥85	≥70
石棉		阴性(不得检出)		

注：用户对粒度有特殊要求，可在订货时协商。

6　试验方法

6.1　外观检验

目测。

6.2　水分的测定

按 JC/T 574 规定执行。

6.3　装填密度的测定

按 GB/T 6286 规定执行。

6.4　颗粒尺寸的测定

按 GB/T 6288 规定执行。

6.5　比表面积的测定

6.5.1　试验条件

样品脱气条件：110℃，4h。

6.5.2　测定

按 GB/T 19587 规定执行。

174

6.5.3 结果表示

取两次测试的平均值为试验报告数值。比表面积<100m²/g 时，允许误差应小于或等于 3％，比表面积≥100m²/g 时，允许误差应小于或等于 5％。

6.6 可溶性重金属含量的测定

按附录 A 的规定进行。

6.7 化学成分的测定

按 GB/T 16399 规定执行。

6.8 2h 乙酸乙酯吸附容量的测定

6.8.1 仪器及装置

6.8.1.1 吸附容量测定装置参照 GB/T 7702.13 见图 1。

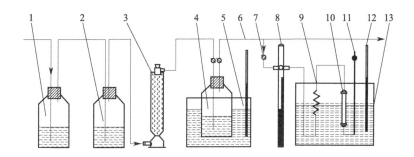

1—干燥塔；2—硫酸干燥瓶；3—缓冲器；4—有机物蒸气发生瓶；

5—水浴；6—分配管；7—活塞；8—流量计；9—蛇形管；10—测定管；

11—压力计接口；12—温度计；13—恒温水浴

图 1 吸附容量测定装置及流程示意图

注：将压缩空气的开关与该装置连接，通压缩空气后，空气首先进入硫酸干燥瓶（1）、缓冲器（2）、装有无水氯化钙的干燥塔（3）、进入有机物蒸气发生瓶（4）、后经分配管（6）、活塞（7）、流量计（8）、蛇形管（9）而进入测定管（10）。

6.8.1.2 测定装置

测定装置由以下设备组成：

a）电热恒温干燥箱：0～220℃；

b）干燥器：内装变色硅胶或无水氯化钙；

c）分析天平：感量 0.1mg；

d）振荡器：功率 80W，频率 50Hz；

e）秒表；

f）温度计：0～50℃；

g）压力计：量程 0～40kPa。

6.8.2　试剂

所用试剂包括：

a) 乙酸乙酯：GB/T 12589，化学纯；

b) 硫酸：GB/T 625，分析纯；

c) 无水氯化钙：分析纯。

6.8.3　试验条件

在下列条件下进行试验：

a) 海泡石质量：(20 ± 0.5000)g；

b) 毛细管比速：(0.65 ± 0.01)L/$(\text{min}\cdot\text{cm}^2)$；

c) 有机物蒸气发生瓶温度：(20 ± 5)℃；

d) 吸附温度：(10 ± 5)℃；

e) 测定管截面积：(3.15 ± 0.26)cm^2；

f) 乙酸乙酯蒸气浓度：(1.0 ± 0.5)mg/L。

注：根据蒸气发生瓶试验前后的质量差和流量计算得出蒸气浓度。

6.8.4　试样及其制备

采用四分法制备试样。

6.8.5　试验准备

6.8.5.1　装置安装

将装置各部件按图1所示，安装在固定的仪器板上。根据需要可安装1～4根测定管。

6.8.5.2　气密检查

装置各部件和安装好的仪器都要进行气密检查。方法是：通入压缩空气，使仪器内产生 13.3kPa 的压力，然后关闭活塞，1min 内其气压下降应不大于 0.26kPa。

6.8.6　试验步骤

试验步骤包括：

a) 准备实验所需样品，将其置于105℃的电热恒温干燥箱内干燥至恒重，放入干燥器中冷却备用；

b) 将测定管（连同管盖）擦净称重（m_k），精确至 0.0010g；

c) 将样品分二至三次装入测定管中，海泡石质量在 (20 ± 0.5000)g，称量（m_y），精确至 0.0010g；然后在盖口处涂凡士林，盖好并擦拭干净，称其重量（m_0），精确至 0.0010g；

d) 将装好并称量的测定管与仪器连通，垂直放入恒温水浴中；

e) 打开压缩空气和发生瓶活塞，立刻开启秒表计时，同时调好流量。空气经净化、干燥后进入乙酸乙酯发生瓶，将乙酸乙酯带出、混合，由分配管进入各测定管中，通气120min后，关闭发生瓶活塞，取下测定管，擦拭干净后称其重量为 m_t；

f) 关闭压缩空气，同时停止计时。

6.8.7 结果计算

2h乙酸乙酯吸附容量按式（1）计算：

$$A_s = \frac{m_t - m_0}{m_y - m_k} \times 100 \quad\cdots\cdots\cdots\cdots\cdots\cdots\cdots\cdots\cdots\cdots \quad (1)$$

式中：A_s——2h乙酸乙酯吸附容量，mg/g；

$\quad\quad m_t$——实验后测定管和样品的质量，g；

$\quad\quad m_0$——实验前测定管和样品的质量，g；

$\quad\quad m_y$——涂凡士林前测定管和样品的质量，g；

$\quad\quad m_k$——空测定管的质量，g。

两份平行样品各测定一次，允许误差应小于10%，结果以算术平均值表示，精确至0.1mg/g。

6.9 24h甲醛去除率的测定

按JC/T 1074规定执行，试验舱示意图见图2。

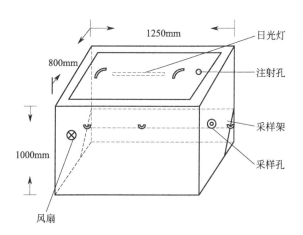

图2 试验舱示意图

6.10 石棉含量的测定

按GB/T 23263规定执行。

附录 6

《海泡石基甲醛固化剂》(T/CSTM 00352—2021)(节选)

1 范围

本文件规定了海泡石基甲醛固化剂的术语和定义、要求、试验方法、检验规则以及标志、包装、运输和贮存。

本文件适用于超细海泡石粉体材料,该产品主要用于胶黏剂、涂料、密封胶等。

3 术语和定义

下列术语和定义适用于本文件。

3.1 海泡石基甲醛固化剂 sepiolite-based formaldehyde curing agent

指用于胶黏剂、涂料、密封胶中抑制其甲醛有害挥发物的海泡石为主体的粉体材料。

3.2 甲醛释放量 formaldehyde emission

甲醛释放量是指含有海泡石基甲醛固化剂的脲醛树脂释放的甲醛量,单位为mg/100g。

4 分类与标记

4.1 分类

海泡石基甲醛固化剂按海泡石含量分为Ⅰ类、Ⅱ类。海泡石基甲醛固化剂代号分别为:HJY-Ⅰ和HJY-Ⅱ。

4.2 标记

海泡石基甲醛固化剂标记由产品名称、本文件号、分类代号组成。

示例:Ⅰ类海泡石基甲醛固化剂标记为:海泡石基甲醛固化剂 T/CSTM 00352—2021 HJY-Ⅰ。

5 要求

海泡石基甲醛固化剂的技术指标要求见表1。

表1 海泡石基甲醛固化剂技术要求

项目		Ⅰ类	Ⅱ类
海泡石/%	≥	80	70

项目		Ⅰ类	Ⅱ类
水分/％	≤	3.0	3.0
比表面积/(m²/g)	≥	160	100
粒度/(D90,μm)	≤	0.5	1.5
吸油值/(g/100g)	≤	20	40
甲醛释放量/(mg/100g)	≤	5	9

6 试验方法

6.1 海泡石含量、水分、有害矿物含量

按照 JC/T 574 的规定执行。

6.2 比表面积

按照 GB/T 19587 的规定执行。

6.3 甲醛释放量

6.3.1 试剂

6.3.1.1 甲醛：37％，分析纯。

6.3.1.2 尿素：分析纯。

6.3.1.3 甲酸：分析纯。

6.3.1.4 氢氧化钠：分析纯。

6.3.2 仪器设备

6.3.2.1 气泡吸收管：有 5mL 和 10mL 刻度线。

6.3.2.2 空气采样器：流量范围 0～1L/min，流量稳定可调。

6.3.2.3 具塞比色管：10mL。

6.3.2.4 分光光度计：具有 500mm 波长，配有 10mm 光程的比色皿。

6.3.2.5 试验舱：参照 QB/T 2761。

6.3.3 环境要求

试验过程中，试验舱应满足温度 20℃～30℃，相对湿度（50±10）％。

6.3.4 样品准备

向烧杯中加入甲醛 49.51g，用质量分数 30％的氢氧化钠溶液调节 pH 至 9.0±0.5，加入尿素 30.64g，搅拌升温至 90℃，保温 20min；然后降温至 80℃，用质量分数 20％的甲酸溶液调节体系 pH 到 4.5～4.8，同时加入 20g 海泡石基甲醛固化剂；当胶液滴入去离子水中出现白色雾状时，用氢氧化钠溶液调节体系 pH 至 7.5～8.5，冷却至室温，得到待测样品。

6.3.5 试验步骤

6.3.5.1 打开舱门，开启风扇对舱内换气 20min。

6.3.5.2 称取 10.0g 待测样品，精确到 0.0001g，装入吸附皿中；将吸附皿放入试验舱中，立即关闭舱门。

6.3.5.3 24h 后按照 GB/T 18204.26 对舱内空气进行采样，分析测试甲醛的浓度。

6.3.6 结果计算

甲醛释放量计算按公式(1) 计算，精确至小数点后两位。同一试样应进行平行测定，若平行样间之差不大于 0.5%，取其算术平均值为试验结果，否则重新进行测定。

$$F = \frac{C \times V}{M} \quad \cdots\cdots\cdots\cdots\cdots\cdots\cdots\cdots\cdots (1)$$

式中：F——甲醛释放量，单位为毫克每克（mg/g）；

C——试验舱甲醛浓度，单位为毫克每立方米（mg/m³）；

V——试验舱体积，单位为立方米（m³）；

M——样品质量，单位为克（g）。

6.4 吸油值

按照 GB/T 3780.2 的规定执行。

6.5 粒度

按照 GB/T 19077 的规定执行。

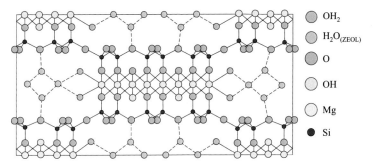

图 1-3　海泡石的晶体结构图 2

图 1-4　土耳其某海泡石矿的形貌

图 1-5　湖南湘潭海泡石样品图

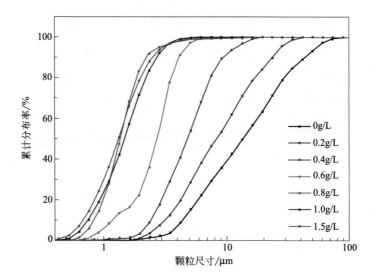

图 2-9　不同分散剂用量产物的粒径分布曲线

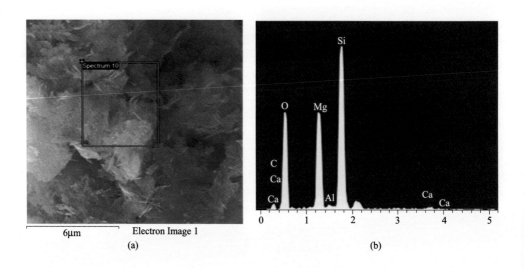

图 3-2　海泡石微区成分分析

(a) 薄片   (b) 光片

图 3-10　海泡石制片

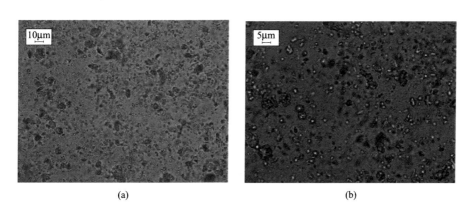

(a)   (b)

图 3-11　薄片下的海泡石显微图像

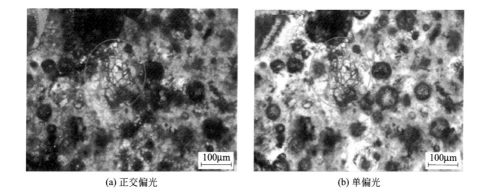

(a) 正交偏光   (b) 单偏光

图 3-12　透光镜下海泡石矿薄片中的石英（圆圈内）、海泡石（近无色及淡
黄色，多色性弱）、方解石（无色，正交镜下亮彩色）

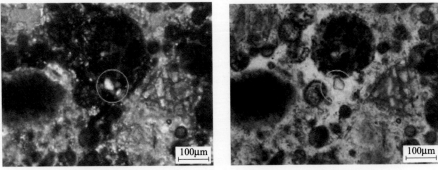

(a) 正交偏光　　　　　　　　　　　　　　　　　(b) 单偏光

图 3-13　透光镜下海泡石矿薄片中的方解石（圆圈内，因风化发育裂纹）、
铁质物（棕红色）、海泡石（近无色或淡黄色）

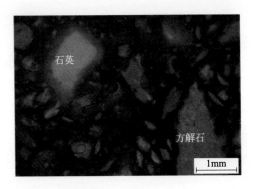

图 3-14　正交偏光镜下光片中的石英与方解石（反射光）

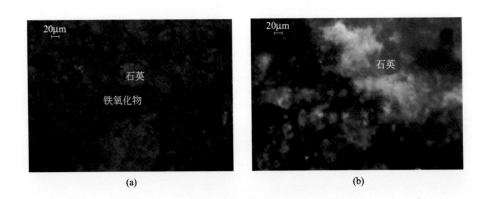

(a)　　　　　　　　　　　　　　　　　　　　　　(b)

图 3-15　反射光下的光片

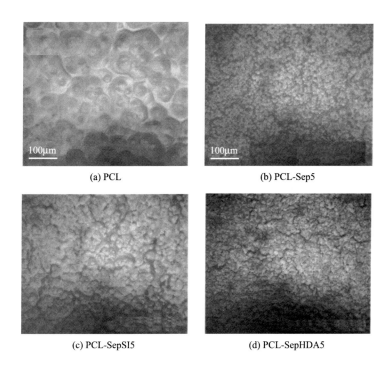

(a) PCL

(b) PCL-Sep5

(c) PCL-SepSI5

(d) PCL-SepHDA5

图 3-16　复合材料显微镜图像

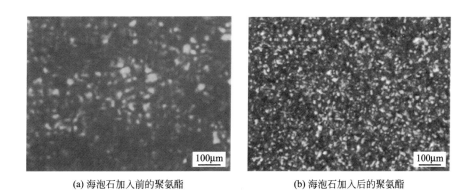

(a) 海泡石加入前的聚氨酯

(b) 海泡石加入后的聚氨酯

图 3-17　海泡石加入前后聚氨酯材料的形貌

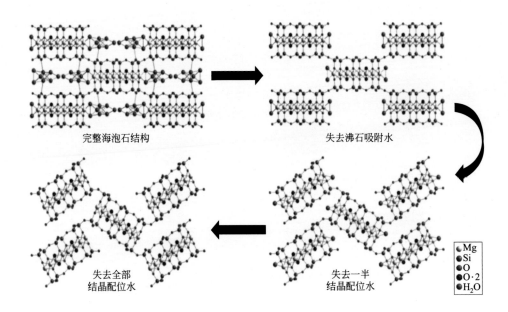

完整海泡石结构　　　　　　　　失去沸石吸附水

失去全部
结晶配位水　　　　　　　　　　失去一半
结晶配位水

| Mg |
| Si |
| O |
| O·2 |
| H₂O |

图 3-25　热处理海泡石结构的演变

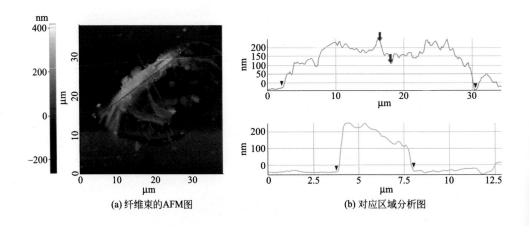

(a) 纤维束的AFM图　　　　　　　(b) 对应区域分析图

图 3-27　纤维束的 AFM 图像

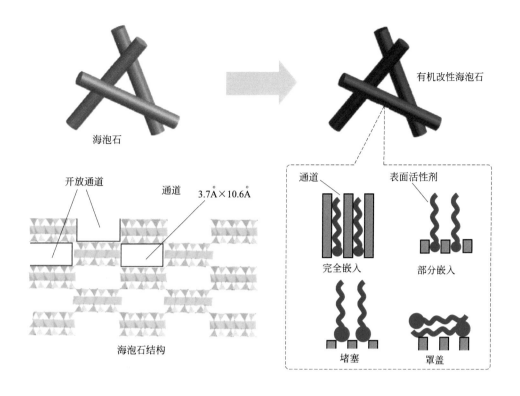

图 4-3　海泡石结构及改性剂可能的位置示意图

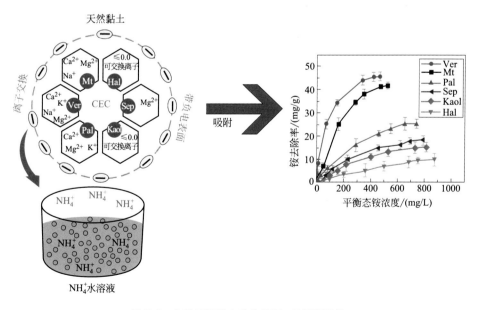

图 5-3　六种天然黏土矿物 NH_4^+ 吸附等温线

图 5-4 不同接触时间的有机海泡石去除模拟废水图

（试验条件：油初始浓度 1800mg/L，吸附剂用量 7g/L，20℃时初始 pH＝6）

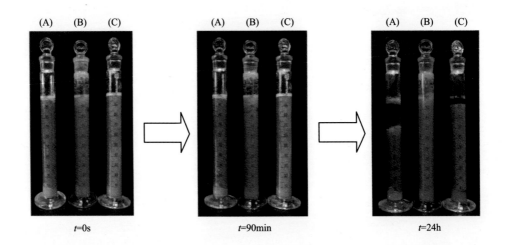

图 5-16 海泡石在油相中的体积变化

（A）C18-A 改性的海泡石；（B）C18-B 改性的海泡石；（C）DC18 改性的海泡石